岭南庭园

莫伯治 著

凤凰空间 编

江苏凤凰文艺出版社
JIANGSU PHOENIX LITERATURE AND
ART PUBLISHING

图书在版编目（CIP）数据

岭南庭园 / 莫伯治著 ; 凤凰空间编. -- 南京 ： 江
苏凤凰文艺出版社，2025. 3. -- ISBN 978-7-5594
-9124-4

Ⅰ. TU986.2

中国国家版本馆CIP数据核字第2025W8B115号

岭南庭园

莫伯治　著　凤凰空间　编

责任编辑	周颖若	
策划编辑	凤凰空间/段建姣	
出版发行	江苏凤凰文艺出版社	
	南京市中央路165号，邮编：210009	
网　　址	http：//www.jswenyi.com	
印　　刷	北京博海升彩色印刷有限公司	
开　　本	787毫米×1092毫米　1／16	
印　　张	16	
字　　数	220千字	
版　　次	2025年3月第1版	
印　　次	2025年3月第1次印刷	
标准书号	ISBN 978-7-5594-9124-4	
定　　价	158.00元	

（江苏凤凰文艺版图书凡印刷、装订错误，可向出版社调换，联系电话025-83280257）

莫伯治 （1915—2003）

1915 年，生于广东东莞。

1936 年，毕业于中山大学土木建筑系。

1951 年，回到广州开展岭南庭园和民间建筑调研。

1952 年开始，历任广州市规划局总建筑师、华南理工大学建筑设计研究院总建筑师、华南理工大学兼职教授等职。建筑设计多次获国家、省、建设部、教育部及广州市颁奖。

1994 年，出版《莫伯治集》，获全国建筑图书一等奖，同年被评为设计大师。

1995 年，当选为中国工程院院士。

1998 年，成为中国工程院首批资深院士。

2000 年，获首届梁思成建筑奖。

2003 年，在广州逝世。

建筑创作的实践与思维

　　我的童年及少年时代在珠江三角洲的农村度过，然后到广州读书，有着从农村到城市不同环境的熏陶和生活阅历。1936年大学毕业后，首先从事道路土木工程方面的工作，新中国成立后又进入建筑设计与创作领域，有着从工程实践到建筑艺术创作的不同体会与思考。回首几十年来因生活、环境、职业的变化所引发的生活及思维的发展，颇有痕迹可寻。

乡土田园审美观的孕育

12岁之前，生活在珠江口农村，与广州市郊仅一江之隔。这里水网纵横，蔗基鱼塘，田畴聚落，星罗棋布，一派水乡自然景色。在这种田园风光和淳朴环境潜移默化的熏陶下，形成了一种乡土田园审美习惯。这是一种直觉的原始感性认识，还没有形成特定的审美观。

科学思维的培养

受当时科学救国口号影响，高中时即选读理科，随后就读于中山大学工学院土木建筑系。从农村进入城市，逐步增强了现代理性思维的分量，并培养了对客观世界深入观察、探索和思维的习惯。这种习惯有助于思想和行业的除旧布新。

大学期间的课程广泛而多样，不仅学习了土木工程方面的建筑结构、水土结构、公路、铁路、桥梁等课程，还学习了建筑构图原理、建筑制图、建筑设计和城市规划等，并在课余时间关注了新的建筑结构，如美国当时刚刚兴起的钢结构以及当时的《中国营造学社汇刊》，同时学习了梁思成先生关于中国古代建筑的研究成果。这些知识的积累，扩大了我审美和思考的视野，也是新中国成立后获得机会转入建筑设计的有利条件。在学生时代，比我年长很多的堂兄，拥有一座藏书丰富的图书馆——"五十万卷楼"，使我有机会对我国诸多文化典籍进行广泛涉猎，这也成为我转入建筑创作的文化基础。

从土木工程转向建筑创作

大学毕业不久，国难当头，为抗击日本侵略者，我参加了道路桥梁的抢修工程，以及公路、铁路和机场的修建，从施工实践中扩宽了知识，积累了经验，为其后转向建筑创作做准备，也培养了重视功能、重视经济、重视实践的思维习惯和思维方式，并使自己的实践与思维活动能随客观事物的发展而有所发展，有所创新。

建筑创作的实践与思维

我由土木工程实践转入建筑创作实践后的几十年中，从创作思考和创作成果看，大体上可分为三个阶段。这三个阶段的实践与思考并不是前后割裂的，而是相互叠加，向前发展。

1. 岭南建筑与岭南庭园的结合与发展

新中国成立初期，我从香港回到广州，参与广州的恢复建设工作，并开展岭南庭园与民间建筑的调查研究。自 20 世纪 50 年代中期起，又与夏昌世教授一起，进一步开展岭南庭园的调查研究工作，1957 年完成了岭南庭园与岭南建筑相结合的第一个建筑设计（广州北园酒家，1958 年建成）。这个设计当即受到梁思成先生的赞扬，大大增强了我们创作实践和探索的勇气。对中国三大园林艺术体系之一的岭南庭园进行研究和思考，并将研究与思考的成果用于自己的建筑创作实践中，可以说是我建筑创作实践与思维的第一阶段。

岭南庭园艺术的形成与发展，有着历史、人文、地域、气候等多方面的影响及自身不断演化、不断丰富的过程。它在当地传布并形成了一种与京都皇家园林、江南文人园林不同的审美定势和审美习惯。它的实践经验和受当地居民喜爱的程度，鼓励我作更多的创作实践，北园酒家及其后的泮溪酒家（1960 年）、南园酒家（1962 年）便是在这个阶段完成的。在这些设计中，我把岭南庭园中的山、水、植物诸要素，以及在农村陆续搜集、选购到的拆旧房时留下的建筑和装修构件（主要是雕饰、窗扇、屏风和门扇等木构件，当时多被村民用作燃料），运用、组织到新建筑中，既抢救了传统岭南建筑中的文物精华，又将岭南建筑与岭南园林进行有机结合。这些创作实践当时受到广东省和广州市领导同志陶铸、朱光、林西等的支持和鼓励。

实践的初步成功、领导和群众的欢迎和肯定并没有使我故步自封，或停止新的思考。林西同志也明确指出，应从已有实践中超脱出来，注重新建筑与所在环境的对话与沟通，适应新的生活需求。于是又有了白云山庄（1962年）、双溪别墅（1963年）和矿泉别墅（1974年）的创作。

双溪别墅和白云山庄的创作主要是把建筑融合于山林环境中。矿泉别墅虽处市区，也创造了一种林木苍郁、水波荡漾的园林境界。三者均考虑到亚热带地区的气候特点并创造了舒适的室外（半室外）空间环境。双溪别墅和白云山庄当时曾被周恩来总理和陈毅外长亲自选定作为与外宾会谈或首长、外宾下榻之所，目前仍然是市民郊游度假的好去处。

综观此阶段建筑创作的主要倾向，便是注重与历史和环境的对话与沟通，建筑造型、建筑环境既保持地方特色，又赋予新意，体现了新时代的审美意趣，被认为是岭南建筑和岭南庭园相结合的新进展。这些建筑与环境的塑造，实践了多年来我对"令居之者忘老，寓之者忘归，游之者忘倦"[1]境界的追求。虽不能至，而心向往之。

1997年，在新华通讯社澳门分社会所新竹苑（1998年建成）的设计中，在借景山林，打造绿化中庭，设置地方风格的门廊、大门和室内装修诸方面，于现代氛围中再现岭南建筑与庭园特色，以人们所熟悉的建筑语言展现岭南风韵和亲人团聚的融洽气氛。中庭岩壁上擘窠大字"归"，更抒发、记录了迎接澳门回归祖国的历史情怀。现在，新竹苑已成为澳门特别行政区有关机构和人士的重要活动场所，也是中央官员莅澳下榻的一处家庭式招待所。

2. 现代主义与岭南建筑的有机结合

有了第一阶段的探索和实践，进一步在设计中引入了现代主义建筑理念，体现在广州宾馆（1968年）、白云宾馆（1976年）、白天鹅宾馆（1983年）之中，也继续体现在近年若干高层、超高层建筑的创作中。

在我国，20世纪50年代以后，现代主义建筑遭到了批判，后来在改革开放的新形势下，才开始受到实事求是的对待。但是，从建筑发展的历史看，由于现代主义建筑注重功能，主张新技术、新材料的应用，已有了长足的发展，早已成为全世界（尤其是西方国家）占主要地位的建筑流派。

在上述几个宾馆的设计工作中，明确引进了现代主义理念，强调现代生活、功能、技术在建筑中的主导作用，努力摆脱学院派和复古主义创作思想的影响，力求建筑功能的合理性和投资的经济性，同时也仍然重视岭南建筑的地方特色和地方传统，体现岭南地方风格与现代主义的有机结合。

白云宾馆是全国第一幢超高层旅游建筑，高 33 层，建筑面积 58600 ㎡，是为广州的外事活动和广交会的特殊需要而设计的。这是一个现代建筑，但在环境设计、室内公共空间设计中都注重原有环境的保留与美化，加强室内外活动的民主性与群众性，挡住了当时的某些片面主张（如有人认为，白云宾馆立面采用横线条是代表资本主义，只有用竖线条才是社会主义。而当时决定采用横线条是为了解决超高层建筑窗台向室内渗漏雨水的实际问题），在保证功能适用的同时尽量节约投资，为超高层宾馆的设计和建设积累了有用的经验。

白天鹅宾馆（高 33 层，建筑面积 100000 ㎡）是全国第一个引进外资的五星级宾馆。它的设计和管理都已经达到国际上同类宾馆的水准，而它的单方造价在当时全国同等标准的宾馆中是最节省的。设计中（尤其是室内外环境设计）强调了与所在环境的联系与沟通，室内大堂以"故乡水"点题的庭园，再现祖国山水景色，令归来的海外游子顿生"天涯归来意，祖国正风流"之叹，也深受广州市民的欢迎，成为有口皆碑的一个旅游点。现代主义、地方特色与生活情趣的有机结合，是白天鹅宾馆创作成功的关键。

这些现代化高层宾馆所保留的地方和民间氛围，正是岭南特色和中国特色的具体体现，也极大地增强了我们创造与推进中国现代建筑的信心。

这个阶段的建筑创作实践把当代岭南建筑推向了更高的水平。

进入 20 世纪 90 年代以后，在广州中华广场、中国工商银行珠海软件开发中心、昆明邦克饭店、沈阳嘉阳广场（购物中心、公寓）、沈阳嘉阳协和广场（购物中心）、汕头市中级人民法院等若干新建筑的创作中，仍然继续着对有中国特色的现代主义的探索。

　　南越王墓博物馆规划谫议　　莫伯治

广州象岗越王墓是国家重点文物保护单位，内容足珍：(1)历史地段 (2)墓室 (3)陪葬珍宝三部分。由于墓地从来经无发掘和盗毁，二千多年历史的、地理的、文化的、科学的全部信息，得以流传至今。此三部分是博物馆现场展现不可或缺的整体，整理和展现工作，要以保护文物为出发点。"威尼斯会议"的"国际宪章"一般规定保护文物应是要保护它的全部现状，要保持它的历史连续性和历史可读性，避免以今损古，以假乱真。

　　(1)历史地段—墓地在象岗山上，由于多年墓迹平土，墓室以上山岗已被挖平，露出墓室顶盖大块石头，并显示不相平的山地原土，我们可以墓室附近划出一定范围(今平整土一定)，作为被发掘出来的历史地段，"国际宪章"指出"必须把文物应在的地段当作专门注意的对象，要保护它们的整体性，要保证用恰当的方式清理和展示它们。"又指出"保护一座文物应是，意味着要适当地保护一个环境，任何地方，凡保统环境

3. 新的表现主义的探索与尝试

近百年来，西方现代主义建筑经历了发起、发展和调整的阶段。所谓调整阶段，是指 20 世纪 60 年代以后，现代主义所受到的其他思潮和学派的质疑与批评（例如，后现代主义和解构主义的建筑师和理论家们，逐步推出了与现代主义截然不同的理论和作品）以及现代主义本身所作的调整与改进。

建筑领域中表现主义的最初浪潮出现在 20 世纪初期（1905—1925 年）的北欧诸国。它的特点是通过夸张的建筑造型和构图手法，塑造超常的、强调动感或怪诞的建筑形象，表现出建筑师希望赋予建筑物的某些情绪和心理体验，引起人们对建筑形象及其含义的欣赏、猜测与联想。米斯·凡德罗所做的柏林弗里德里希大街办公楼方案（1921 年），以玻璃为外墙，大厦通体透明，从外面可清楚看见里面的层层楼板。整个大厦的顶部以有力的锐角刺向天空，具有强烈力度及雕塑感。米斯解释说，它"显示出雄伟的结构体型，巨大的钢架看来十分壮观动人"，这种"壮观动人"正是表现主义的手法之一。当时出现的表现主义作品还有汉斯·波尔齐格的柏林大剧院（1919 年）、格罗皮乌斯的三月死难者纪念碑（1921 年）、门德尔松的爱因斯坦天文台（1924 年）和米斯的李卜克内西和卢森堡纪念碑（1926 年）等。由于这类建筑与后来占主导地位的现代主义不够协调，因而没有得到广泛的传播与发展。然而近百年来，表现主义建筑"时有出现，不绝如缕"（吴焕加教授语）[2]，如法国朗香教堂（1950—1955 年）、美国纽约肯尼迪机场 TWA 航站楼（1961 年）、澳大利亚悉尼歌剧院（1973 年）和印度大同教莲花寺庙（1986 年）等。近年来，美国建筑师盖里的许多被称为解构主义的作品，可看作是表现主义在现代主义之后的一种新的演绎。

我在建筑创作中强调地域特色，也注重现代主义的引进，并且始终坚持着，这无疑是正确的。但是，艺术本身的发展和观念的创新绝不应停留在一个水平上。所以，在近年来的一部分建筑创作中，在建筑艺术表现上进行了新的探索，这就是对表现主义的重新审视和思考。

建筑的功能以及材料、结构的规定性是不可忽视的，但是，建筑形式的表现在不同作品中却存在着多样性和创新的可能性。在某些建筑作品中，其形式和形象被赋予特定的思想内容并给人们带来一定的联想，不仅是可能的，而且是艺术多样化的合理要求。

在西汉南越王墓博物馆（1990—1993年）、岭南画派纪念馆（1992年）、广州地铁控制中心（1998年）和红线女艺术中心（1999年）的创作和思考中，为了强调它们的个性，表现它们的特有内涵，分别采用了特殊的造型和夸张的构图手法。它们从表现主义的建筑作品中得到了某些启示。

西汉南越王墓博物馆，位于2100多年前的郊山墓地，而如今却地处热闹街市中，既要保有历史时代的联想，又要成为今日城市环境的一部分，确有一定难度。设计中以汉代石阙和古埃及阙门形式变体为主体，面向城市街道，但它又不是一般的城市建筑，巨大的实（石）墙和墙上的浮雕、门口的动物雕塑展现了建筑的特殊内涵，并与墓室、场地、展览馆共同组成一个有较多表现层次的群体。从接受设计任务以至整个创作过程，使我深感建筑师创作思维的广度和深度的开掘和拓展是十分必要的，也是没有止境的。

岭南画派纪念馆，以不规则的外墙和抽象雕塑的门廊，突出表现了对岭南画派的革新精神和艺术风格的回顾与阐扬。

在广州地铁控制中心的设计中，我们首先对所在地段的历史、外围环境和建筑功能作出分析，该中心是地铁1号、2号两线的交汇点。地铁的兴建受到广大市民的关注，是广州改革开放的标志性建设项目，而控制中心大楼是地铁系统突出于地面的重点，它的外形令人联想到潜龙至此掀土而起的有力形象。该中心南邻广州起义纪念馆。这一带是当年中国共产党领导人民浴血奋战之地，因此大楼在建筑风格上注入米斯·凡德罗的李卜克内西和卢森堡纪念碑的体量组合和审美构图要素。根据上述对建筑形象内涵的思考，在演绎和表达过程中，不受梁柱构架完整性的约束，着意于功能空间分离的构图要素，采用大尺度的简单几何体块，体型组合自由活泼，色调反差明显（红、黄、蓝、白），整体上具有强烈的动感和尺度感，表现出改革开放新时期的气势、激情和艺术效果。

红线女艺术中心，则力求以一种富有动感的建筑造型和空间来表现建筑的主题，在门厅（展厅）与排练厅（观众厅）的过渡带上空插入天窗，丰富室内空间，并使建筑正面墙体上不开窗，保证了整个建筑雕塑造型的完整性。整个建筑物是一个空间复合体，外形上则以错位、组合、扭转为构图手法，使戏剧艺术与建筑艺术在观感和意念上达到融合与沟通。正立面上半圆形斜向玻璃入口形式是乐器和乐声的象征，舒卷开合，高低错落的白色墙体（是民间山墙的演绎变体）的回旋形式是中国戏剧表演中飘动的服饰和水袖的摹写，也是对婉转轻柔音乐的一种阐释。这是以建筑艺术语言表现戏剧艺术家的创造与激情的一次尝试。

这几个建筑物在形象塑造和表现方面具有表现主义建筑的某些特征，但与历史上曾经出现的表现主义作品存有区别。

其一，它们不是建筑师个人的自我表现，而是注重人们的生活经验和审美习惯，创造出为广大群众认同、理解的具有时代特色和时代精神的形象和空间。

其二，技术发展提供了新造型的可能性，摆脱了砖承重墙或结构体系完整性的限制。

其三，以合理的经济手段达到艺术表现的目的。

总之，这些建筑形象和表现，不再是建筑师随心所欲和异想天开的设计，因此可称之为新表现主义。

在几十年的建筑创作实践中，从岭南建筑、岭南庭园的结合，到现代主义的引进，再到新表现主义的尝试，思维和实践的发展具有阶段性，但并不是以后阶段的实践和思考去否定和终止前阶段的实践和思考，而是以后者丰富前者，前后互为增益，有所发展，有所前进，在艺术上显得更为丰富多彩，不至于停滞在一个已有的模式中。

广州艺术博物馆是一个规模宏大、内容充实的市民艺术活动中心，通过建筑本身及各种艺术品的展示和艺术交流活动，既表现传统文化，又体现现代精神。其建筑创作构思没有局限于某一个主义或某一种手法，而是将岭南建筑与岭南园林、传统与现代以至表现主义熔于一炉，既有地方风格，又有表现主义手法润色其中，形成一个轮廓丰富，塔楼矗立，庭园山水、雕饰精雅的建筑群体，自然地融合在公园绿地和城郊的自然景观之中。在上面所表述的三个阶段中的实践经验与思维成果，均或多或少或强或弱地体现在这个作品中，正好说明建筑艺术创作的多样性和适应性，以及当代岭南建筑的活力和继续发展、创新的可能性。近日动工兴建的新会梁启超纪念馆，虽是一个小项目，仍然体现着这种多样性和可能性。它既与原有环境相通，又引用梁氏所在时代岭南已经引进的西洋建筑形式，体现了其特殊的时代意蕴。2001年，是梁启超先生诞生128周年，是梁思成先生百年冥寿。想起这两位岭南人，就会为这个纪念馆的创作添加更深切、更生动的人间情愫。

在中国建筑界，有人把新中国成立后在广州出现的带有岭南地区特色和现代风格的新建筑，称为现代岭南建筑，并且认为从20世纪60年代至80年代初期，岭南建筑的创作与成果，形成了新中国成立后我国建筑艺术创作的第一个高潮，岭南建筑是当代我国建筑艺术发展中三个主要流派（北京、上海、岭南）之一。

1993年，中国建筑学会在它成立40周年时，对全国从新中国成立初期到1992年间的70项建筑作品颁发了建筑创作奖；今年，为迎接国际建筑师大会在北京召开，由多国建筑专家合作编辑的《世界建筑精品集锦》，共收入我国31项建筑作品。在这70项和31项作品中，由本人主持设计的就有7项和3项[3]，均占总数的1/10。这种情况表明，本文所述几十年中建筑创作实践与思维的部分成果，已在某个范围内得到了初步认可。这些创作与思维，植根于岭南大地，也有赖于同行的相互促进与相互支持。

莫伯治

2000年

1　文震亨. 长物志 [M]. 北京：商务印书馆，1936.

2　吴焕加. 20 世纪西方建筑史 [M]. 郑州：河南科学技术出版社，1998.

3　"7 项"是指泮溪酒家、白云山庄、双溪别墅、矿泉别墅、白云宾馆、白天鹅宾馆和西汉南越王墓博物馆。"3 项"是指矿泉别墅、白天鹅宾馆和西汉南越王墓博物馆。其中白天鹅宾馆是与佘畯南先生合作主持设计，还有多位建筑师先后参加了多个项目的设计工作。

目 录

广州北园酒家

1958 年

北园是广州知名酒家之一，位于小北登峰路云泉山馆旧址，西北与越秀公园为邻。新中国成立初期，风雨侵袭，房屋失修。1957 年重修设计，用地范围扩展至小北花园。设计要求以酒筵为主，兼容茶点并附设饮冰部。酒楼部分要求设容纳 12 人宴会的 8 个餐室，二楼设容纳 30 席婚宴礼堂的餐厅。除服务一般市民外，还准备招待归国华侨和海外贵宾。设计上保持园林风格、地方色彩，并贯彻勤俭建国方针，造价必须低于国家指标。

为保持原有风格，强化绿化效果，一方面原有树木原则上不动，另一方面，由于城市街道和邻居的限制，总平面布置受到了一定的局限。为适应需要，客座不能过分分散，庭园采用深远曲折的综合式内院布局，充分利用流落民间的工艺建筑旧料，具有丰富地方色彩，既可降低造价，又可保持中国庭园建筑中富于精美装饰的效果。

全园分南北两部，以漏花云墙门洞为两部的过渡点。南部受地形限制，除隅角设饮冰部外，绿地栽植青竹，立块石，沼涌（水池成小水道）旁修漏花栏河，点缀盆花，用大石块铺过涌面作桥，经月洞门入北部。

北部临登峰路，是主要出入口。入门厅左侧是主楼。楼南挖池，利用土方填高南北两廊，绕池分列斋、轩、亭，以木桥廊连接。各处建筑穿插在大小院子，点缀佳石嘉木。每一座建筑都设营业客座，同时又是点缀风景的开敞建筑，与外景连成一片，内外相通，处处有景。各处客座接近厨房，便于输送。分设工作间，便于服务侍应。厨房敞大通风，全部瓷砖贴面，利于冲洗、清洁。厨房位置隐蔽，不致妨碍庭园的景观。

为了降低造价，保存民间艺术，设计期间我们先后多次到四乡收集流落在旧建筑材料店的废料，运回广州加工整理。旧料运用方面主要有下列几项。

1. 旧料、废料改用

将旧红木家私拆下来的碎料、博古、草尾等纹样花边作栏杆和楼梯扶手镶边，或镶作企墙（纵墙）。将旧椅靠背改作吴王靠栏杆。格门镂空改作窗槛或漏窗，围屏的池板拼镶大门等。这些红木旧料刻工精美，而价格与柴薪差不多，每百斤不过数元，加工打磨之后，仍然光彩、雅丽。

2. 利用旧装饰木料

采用各种套色玻璃蚀刻的旧"满洲窗"作窗扇和门格的构件。套色玻璃蚀刻是粤中民居的工艺品，饶富地方风味，有一定的艺术价值，价格每只2～5元，比一般杉木门窗还要便宜。所有敞口厅或套厅都采用旧料木制飞罩、落地罩、花罩或落地明造木刻格门等。这些木刻构图和刻工艺术价值很高，每套雕刻要花100多工日才能完成，现在只用数十元就可以买到一套了。

3. 利用原旧料琢磨与改造

买旧料磨光青砖，在四乡的价钱是每平方米约 60 元，约为红砖市价的 1/5～1/4。我们利用部分磨光加工，镶在大门外边，用在内部墙身和一般围墙时只简单清理即可应用，平均旧砖造价比新料便宜。另外利用旧石柱作大门边和桥、亭的脚趸，旧杂木桁改作廊柱，旧杂木桶改作木墙板和裙板，旧斗拱改作拱，旧拱捅、捅板、撬嘴、琉璃勾旧杂木作屋面檐口，旧琉璃或素烧透花窗作栏杆花墙等。这些旧料大都价格低廉，木质坚固，与柴薪价钱差不多。旧石柱按毛石块方数计价，琉璃透花窗比半砖墙的造价还便宜。

从北园设计效果和实践中我们有下列几点体会：

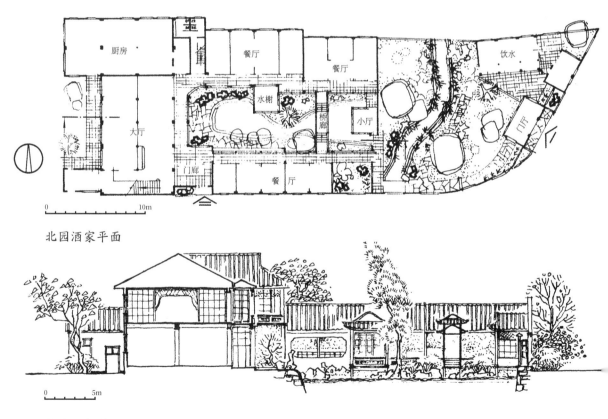

北园酒家平面

北园酒家剖面

其一，中国庭园特点是巧妙地将自然景物——山、水、花卉与亭、廊、轩、馆、厅堂等建筑结合起来，内外空间互相渗透，人留在室内也有享受大自然气氛的愉快感觉。这些特点同样可以应用在公共建筑设计上。园林式的酒家、茶室，由于建筑形式开敞、装饰精美，可以收到良好的通风效果，符合卫生要求，为群众所喜爱。北园的园林布局和旧料门窗装饰的处理，吸引了许多国际友人。澳大利亚一位商人参加今年出口商品展览会时游过北园，回国后写信给北园酒家，誉之为"愉快的酒家"。这也反映了顾客对园林酒家的喜爱。

其二，我们在这次收集旧料的过程中，发现有相当多的民间工艺材料散落在旧杂店销售，由于价格低廉，很多已遭破坏移作柴烧，十分可惜。建议地方有关部门注意管理，保存这些丰富的民族遗产，以免湮没在民间。

其三，利用旧料结合建筑造型和结构是一个细致的工作过程。我们在设计之前，进行了广泛的收集工作，设计期间同时进行旧料的选配、整理。为了保持原有材料的风格，达到统一、完整的建筑效果，不致杂乱无章，在施工过程中，设计者经常到现场与老技工研究如何改造和利用。

其四，利用旧料建新房子，有一定的经济意义。北园建筑总造价每平方米只用 60 元，比中央规定的指标低，并且节省了大量木料、水泥、钢材。基本上是符合勤俭建国方针的，有提倡、推广的价值。

（莫伯治、莫俊英、郑昭）

广州海珠广场规划

—— 1959年

海珠广场的形成

广州海珠桥头北岸，新中国成立后，这里出现了一个交通畅便、规模雄伟、造型壮丽的广场。广场绿草如茵，楼房高耸，成为对外贸易展出、接待外宾侨胞和经济文化活动的中心。它标志着社会主义事业的优越性和新中国经济的繁荣。广场的形成，有着历史和自然的条件。抗战前，广场附近一带是市中心繁盛地区，日本侵略我国期间，遭受大规模破坏，沦为废墟。抗战胜利后，灾区瓦砾，从未清理，新中国成立前夕，国民党反动派溃退时，又将海珠铁桥炸毁，灾区附近更显荒凉。新中国成立后，为了便利珠江南北两岸交通，人民政府迅即决定修复铁桥，于1950年竣工；进一步清理全片灾区瓦砾，利用空地布置绿化，使居民多一游憩的小游园；并在维新南路口设置盘旋绿岛，调节交通，逐渐形成一个既便利交通，又可供市民游憩的桥头广场。市民及侨胞，常将

海珠广场规划位置图

广场引为我国社会主义建设蓬勃发展的标志之一，亦为外宾与归国侨胞参观必到之地。

广场建设初期，根据当时条件，以清理瓦砾、绿化废墟、解决交通为主；对周围建筑物尚未作具体布置，随着社会主义建设的发展，对广场的建设也提出了进一步的要求。因为广场位置邻近长堤路、永汉北路、中山路等几个全市性商业地区，交通四通八达，经济活动方便，附近原有不少大型服务行业，如爱群大厦、新亚酒店、大同酒家、百货公司、人民剧院、广州电影院等，所以在广场建设一群大厦，与附近服务业综合利用，作为对外展出、经济文化活动、接待外宾游客等使用，可以尽量发挥原有服务业的潜力，减少国家投资，并收到活跃对外贸易经济、改善旧城面貌的效果。

广场性质

海珠广场性质，决定于下列几个因素。

第一，广场形成的历史过程，及其与附近企业协调的关系，广场建筑群与附近原有服务业的综合使用，使广场成为一个对外接待及经济文娱活动的中心。

第二，广场为南北及东西交通线的交叉点，而以广场为其枢纽，起组织及调节交通的作用。

第三，广场在规划上，地处南北中轴的中心点，轴线北端为越秀公园、中山纪念堂、市人委大楼及其前后广场；南面经晓港公园至河南中心——刘王殿广场。所以海珠广场是市中心广场之一，又是全市性的公共建筑组群和绿化系统之重要组成部分。

基于上述因素，广场的性质起了综合桥头交通、绿化游憩和全市性活动中心等几个作用。此外，广场既为市中心广场之一，故其造型的好坏，直接影响到整个城市轴线的造型是否壮观，因此广州市人委在1958年4月颁布"关于新建改建海珠广场的决定"，周围布置绿化及公共建筑，加宽马路，管线埋地，使广场蔚然壮观。

道路规划与交通组织

广场北边大道西段为一德路，将一德路裁直改善，使它与东段泰康路基本对称，道路扩宽为38m，并将泰康路南拆去原有房屋，后退建筑，扩宽视界，使电业局纳入广场范围之内。

广场东西两边交通道，在利用原有道路的基础上，略为改直，使之适合于建筑物的布置，转角曲线半径加大至20m以上，十字路口盘旋绿岛直径扩为40m。

海珠广场交通组织，属桥头广场性质，引道与长堤马路交点，设立体交叉。维新南路口设盘旋绿岛，以调节和减少左转弯的交通。

长堤靠近引道东边一段，以广场东边交通道及回龙路为单行道，更东一些则利用永汉南路；靠近引道西边一段，利用广场西边交通道，规划开通解放南路至长堤路一段，更西一些则利用靖海路。通过以上几段路线，以盘旋绿岛为总调节点，基本上可以解决引道与长堤间的交通问题。

关于停车场的设置问题。由于广场交通量大，停车地点不宜过于集中，适宜分在各建筑地段设置，便于各处流散为主，因此规划上考虑将停车场分散为几个小型停车场，可以配合各大厦的需要，利于分期、分段建设。

广场的建筑布局

为了适应广场的性质，建筑物的配置应以展览馆、迎宾馆、歌剧院、企业办公楼等高层大厦为主。广场建筑除考虑到整体雄伟的布局外，亦考虑尽量利用一些质量较好的原有建筑物，减少投资；在形式上亦考虑到新旧建筑物间的形式，尽量协调。建筑群的轮廓，以北边大道建筑群为主体，以维新南路口东西对峙两座10层大厦为整个广场的制高点，广场东西两边为建筑群的两翼。建筑群立体背北朝南，辅以两翼，面临珠江，贯通大桥，横带长堤及北边大道，气势相当雄伟。

一方面，北边大道西段，从维新南路口转角以西一段，建筑一座8—10—8层大厦，现正施工中，建成后为中国出口商品陈列馆用，内有展览大厅及展览广场；毗邻陈列馆的西端，为陈列馆的附属建筑，6层办公大楼，由于东段保留一些骑楼形式的旧建筑物，为了取得适当均衡对称，这幢建筑物也采用了骑楼形式。

北边大道东段，从维新路南转，规划建筑一座10层大厦，其体型将与西边出口商品陈列馆取得均衡。建筑的造型适合南方的特点，要有明朗轻快的感觉，外墙的处理要开朗一些。大厦以东利用旧楼改建，由3层加至5层，形式亦加以改造，使之与将来环境协调。再东为省电业局办公大楼，楼高5层，原有建筑物质量较好，但形式上须略加改造，并整顿附近环境。电业大楼东面计划建筑5层办公大楼。北边大道建筑群，以中央为制高点，向东西逐渐降低，空际曲线变化柔和，主次分明。

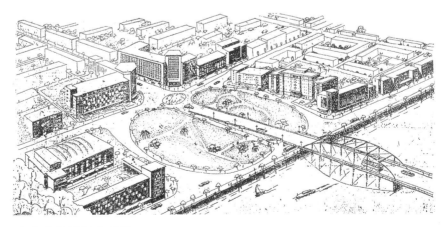

海珠广场规划鸟瞰图

海珠广场：左为展览馆，中为广州宾馆

其次，广场东西面建筑群以华侨大厦为主体，大厦为6—8—6层，已建成，专门接待归国侨胞。大厦南端为5层高的中国出口商品陈列馆，是中外贸易的一个重要场所，新的陈列馆建成后，现址将改为广东省工业展览馆用。华侨大厦之北为7层的侨联大厦，正施工中，其中有一部分是按原有建筑物加高及扩建的。广场的东边，由这三幢建筑构成一组较为完整的建筑群，三幢建筑的形式，华侨大厦较为简洁，略带一些民族装饰的意味，展览馆则较为轻快，南面正面采用非受力外墙的处理。总的来说，建筑物之间的形式还是协调的。

另外，广场西边计划建筑大型歌剧院一座，在体型比重上，力求与东边取得均衡，以能接待外国大型歌剧的演出。剧院南端为原五仙门发电厂，此为新中国成立前遗留下来的，在市中心设电力厂，对城市污染影响较为严重，在规划上加以改造利用，待广场周围建筑群建成后再研究。

绿　化

广场绿化，除路树外，不宜栽植过多成丛林木，丛林茂木会使广场周围建筑物互相遮蔽，失掉呼应，游人站在广场中，犹如身处丛林，很难展望整个广场开阔雄伟的面貌。初步意见，广场的绿化，适宜铺植绿茵花坛为主，以配合雄伟的建筑群，衬托着大面积的绿化花坛，显示出建筑群的社会主义建设雄伟气魄，间植四季常青的棕榈科亚热带植物。

为使广场的实际景象整齐优美，所有架空线缆改为地下线缆，无轨电车线路绕行广场外围。

广场的电灯设备，重新安排美化，沿路采用荧光灯，光度以适合500～2000辆/每小时车流量为准，用8m高美化的灯杆，杆距约40m。内部小路采用一般路灯，光度以适合一般行人为准。广场绿地由引道分成两部分，每块绿地有完整的绿化构图。初步意见分别设置喷水池及艺术雕塑，使广场呈现活跃和美感。引道下部，准备拆通，将广场东西两部沟通起来，并设置音乐茶座，供市民游憩之用。

广场的建筑组织

广场的建设，为了使工作有计划、有组织地进行，根据市人委的决定，由市城市规划委员会及有关单位组成领导小组，下设拆迁小组和设计专业小组，统一安排拆迁、设计及施工等工作。总计整个广场拆除旧建筑物217间，面积约25030 ㎡；利用旧建筑物加高层数的有11间，面积约6144㎡；新建的建筑物共9幢，连同扩建及加高的总建筑面积约121100㎡，这亦是我们重点改造旧城区的尝试，经验尚待今后进行总结。

（莫伯治、张培宣、梁启龙、陆云峰）

漫谈岭南庭园

—— 1962年

　　岭南庭园在地区上的划分主要是广东、闽南和广西南部。这些地区不但地理环境相近，人民生活习惯也有很多共同之处。至目前为止，已调查过的庭园有三四十处。虽然这些庭园过去都是为少数统治阶级服务，在结构上有一定的局限性和不符合现代人生活要求的地方，而且不少已是残缺不全，但畅朗轻盈的布局手法还是有其可取之处的。它们的分布主要集中在经济富裕、文化水平较高的地方，如广州、潮汕、泉州和福州等地。

　　岭南庭园的发展具有悠久的历史，南汉时期创建的"仙湖"到现在还遗留一些残迹。广州教育路南方戏院旁的"九曜园"水石景，就是当日仙湖中"药洲"的一部分。从现存遗迹看来，有湖石、小堤和石洲等，准确地衬托出"洲渚"水型的特征。它可以说明古代岭南造园艺术已经有很高的水平。宋、明时代，"药洲"这一部分仍然是岭南著名的庭园，常为士大夫们雅集之地。米襄阳在"九曜石"上题刻"药洲"

两字，还保存至今。除"药洲"以外，较古老的庭园已无痕迹可考，即使是明末清初的也只是传说罢了。嘉庆、道光以来的庭园现存实例还多，虽然规模和数量都不能与苏州的庭园相比，但是在布局、空间组织、水石运用和花木配植等处理上，有自己的独特风格和技巧。

布 局

岭南庭园的规模都比较小，而且多数是和居住建筑结合在一起的，因此在谈及布局之先，要先提出"庭园"与"园林"这两个名词在含义上的区分。我们认为主要应从功能上来分析。庭园的功能是以适应生活起居要求为主，适当结合一些水石花木，增加内庭的自然气氛和提高它的观赏价值。因而庭园空间一般来说是以建筑空间为主，山池树石等景物只是从属于建筑。假如没有周围的建筑环境，园景就会失去构图的依据，水石花木也就不能成"景"了。人们欣赏庭园中的景色，一般以静态的观赏为多，结合日常起居生活，停留在三两"点"上来欣赏一些特意创造出来的"对景"。所谓"开琼筵以坐花"，正好说明庭园布局上的特点，这就是居室空间和自然空间结合在一起。

园林规模比较宏大，功能则是为了游憩观赏。人们走公园的目的就是游览，因而随处要创造风景点来满足这一要求。园林的空间结构以自然空间为主，建筑只不过是园内景色的点缀物，从属于自然空间环境。虽然建筑成组成群，亦不过只是"园中有园"的局面。园内布景的安排，始终是透过一条动态的游览路线组织起来的。

这种关系明确了之后，我们认为"庭"是庭园的基本组成单元，由几个不同的"庭"组合成为一座庭园，而建筑和水石花木则是"庭"的空间构成。从调查资料看来，岭南庭园的"庭"按其构成可分为 5 类。

1. 平庭

地势平坦，铺砌矮栏、花台、散石和树木花草等，景物多是人工布置的。

2. 水庭

庭的面积以水域为主，陆地所占比例较少。

3. 石庭

地势略有起伏，散置园石、灌丛或构筑较大型的石景假山来组织庭内空间。

4. 水石庭

起伏较大，配合水面的不同形状及大小比例，运用石景和建筑来衬托各种不同的水型，如山池、山溪、壁潭、洲渚等。

5. 山庭

筑庭于崖际或山坡之上。

"庭"的平面形象，如《园冶》中所说的"如方如圆，似偏似曲"，是没有一定的。但由于"庭"的空间界限一般是由建筑围着，因而大体上可以归纳为方形、曲尺形、凹字形和回字形等4种基本平面。而"庭"与建筑的位置关系，就是位于建筑物之前或后、两侧或当中。至于庭园的组合形式，大致可以分为单庭、并排、串列、错列和综合等几种。

岭南庭园布局颇具一些地方特点，如余荫山房是吸收外来手法，采用几何图案式中轴线对称的平面处理，由两个"水庭"并排式组成，其中一个为回字形，另一个则为方形的中庭。东莞可园则运用"连房"的布置，成组成群包围着一个大院子，内中虽然有些穿插，很有点像小型街坊，和传统手法采用单幢分布、连以回廊曲院的平面布局迥然不同。还有一些特点，是空间处理一般比较清虚疏朗，很少利用虚廊来分割空间，善于运用散石灌丛或果树林木作为庭园的景物。其他如注意庭园外边界的轮廓和整体建筑的透视空间等，也是布局上的特点。

建筑

建筑物的体型一般轻快，通透开敞，体量也较小。单拿出檐翼角来说，没有北方用老角梁、仔角梁的沉重，也不如江南出戗的纤巧，是介乎两者之间的做法。建筑的外形轮廓柔和稳定、朴实美观，而且构造上也较简易。在建筑类型运用上，也有它的特别之处，几乎每所庭园都有一座"船厅"，位于水旁或是园的边界上。如西樵山白云洞完全缺水的山庭也在临崖之处建了一座船厅，题匾为"一棹入云深"，这是以云为水的联想。船厅往往是作为庭园中的主体建筑来代替厅堂，具有厅堂楼阁的多种功能。其平面一般为狭长形，三或五开间，以廊与其他建筑连在一起，形成一组轻巧活泼、高低起伏的建筑组群。登楼有内梯和外梯，外梯有时与假山结合如蹬道，有时亦从旁屋用桥跨渡，如水埗码头的洋桥。另外，还有些建筑类型是不多见的，如高达4层的可楼（东莞可园）、深入潭底的水窟（潮阳西园的水晶宫）和"迷楼"式的楼房组群。

建筑造型也有汲取外来形式，如广州西关逢源大街某宅花园，临涌建有一座西洋古典式水阁，和假山配合起来别饶风趣。从这里得到一点体会，如果以现代建筑来衬托传统形式的山池树石，也是今后庭园一条新的发展途径。

装修

岭南建筑用于装饰的手工艺很发达，细木工艺和套色玻璃画更是地方特有产品。细木工艺有通雕、拉花、钉凸和斗心等做法，特色是精美纤巧、

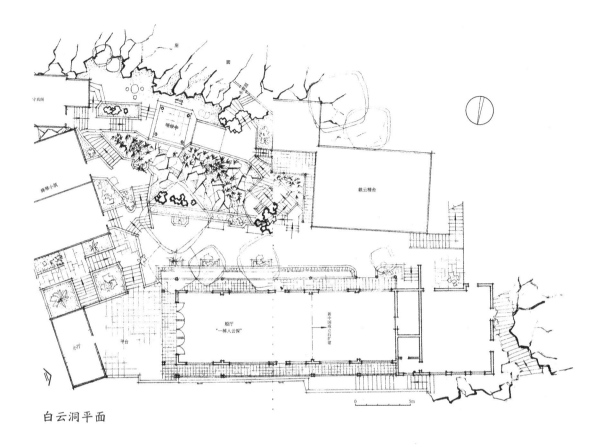

白云洞平面

玲珑浮凸，在敞口厅或套厅之处，设一个花罩或洞罩，使内外空间有适当的约束却又隐约相通，还可起到美丽的景框作用。罩也是以纤巧的斗心拼成连续几何图案，或者是钉凸花鸟等。这种雕刻本身就是一件美术制品，它的尺度比例也都合乎室内装饰陈设的要求。

套色玻璃画的题材多为山水人物、花鸟、古钱币、彝鼎和名家书法等，刻制分阴纹和阳纹，加工方法分别有药水、车花、磨砂和吹砂。玻璃画主要安设在两个明暗不同的空间之间，作为屏门、窗扇的门格或窗心，好像一幅幅透明的彩画。在庭园建筑的室内装修中，套色玻璃画往往是作为陈设组成的一部分，起着图轴挂屏的作用，因而它的比例尺度也就需要与这种作用相适应，如"满洲窗"（类似苏州的和合窗，但构造不同）的玻璃画，周围镶边就是根据斗方绫裱的轮廓来设计的。套色玻璃不仅本身多色多彩，透过它观赏园中景物还会有色彩的变化：同是一个园景，透过套红玻璃看去，好像正是风和日暖、阳光照耀；透过套蓝玻璃的，又会觉得雨雪重阴。这种动态多变的色调，是岭南造园喜欢运用的手法。至于潮州利用"贴瓷"来装饰建筑的手法，鲜明活泼，都是国内独一无二的手工艺。

石景

广州一带筑山多用英石（产于英德），英石的特点是形态嶙峋突屹，纹理清晰多样，褶皱繁密，分蔗渣、小皱、大皱和斧劈等形状。其中蔗渣纹如丝束，小皱窍穴千百，正如苏东坡所谓"文而丑"的石形，叠成石景，特别显得瘦、透、皱。潮州多数运用海边大块花岗岩孤石（石蛋），圆浑古拙，形体沉实，成山后做好石缝掩蔽，披上苍苔薜荔，自有一种雄伟古朴的风格。由于石块体量巨大，筑山只能用起重的方法来"堆垒"，故很难执石端详、细致砌叠。广州的"石塑"技法则和潮州恰恰相反，尽量利用小石块。所谓石塑，是先用砖或顽石包裹着铁条的骨架（石坯），留出一些铁来支挑贴面石皮，之后按拟塑的形态，将英石皮用铅丝拴挂于铁条上，用水泥砂浆灌缝嵌牢，待胶合干透才将露面的铅丝剪去。

从经济观点来说，由于石块较小，取材容易，可大大节省搬运费用，而且施工也较轻便。至于是否达到玲珑通透的效果，则要看造型和贴塑的技巧。不论如何，石块亦不宜过小，以免贴做起来有"百衲僧衣"之弊。

广州石山匠师有一套"石景图谱"，这是纵观名山气势、汲取大自然意境，并通过许多实践经验得来的。历来石塑就以这些图谱作依据，但由于建筑环境和比例尺度要求不同，变化仍然很大。所谓"谱"只不过是一个大体轮廓，妙在似与不似之间，令人遐想而不失天然山石的意态。

石景分为壁型与峰型两大类，以其气势或形象的特征而得名。如"东坡夜游赤壁"壁型石景，主要特征为透迤平阔，由几组峰石连绵相接组成，没有显著突出的主峰。"风云际会"峰型石景，主要特征是由几条石山梯径（象征龙）宛转盘旋、忽离忽合、互相缠绕、向上发展构成许多悬崖复洞，最后会合一起成为石景的峰顶，造型比较陡峻。"狮子滚绣球""狮子上楼台"等狮型石景也属峰型一类，比"风云际会"平易一些，造型像蹲着的狮子。以劈峰作支柱、主峰作顶盖构成较大的"黄罗伞遮太子"峰型石景，造型特征是有一大岩洞，岩下有石几，象征太子座位，悬岩比拟罗伞。"铁柱流砂"峰型石景，造型峭拔挺秀，孤峰屹立水中，有石滩逶迤且与另一较矮的石峰相连。"美人照镜""美女梳妆""仙女散花"等美女型石景均属峰型石景，主峰比较突出，象征美女，劈峰比拟美女的镜或仙女的花篮。

庭木花草

岭南观赏植物极为繁多，品种丰富，由于气候条件有利，一年到头到处都是树绿花红，新鲜活泼。除了华北、华中地区的一些名贵品种（如白皮松、牡丹、芍药、海棠之类）不适宜栽培外，常见的一般花木（如银杏、玉兰、蜡梅等）大都可以生长。此外，当地植物可观赏者亦多，不仅常绿，而且形态美观，如著名的"广东十香"——白兰、米仔兰、金粟兰、含笑、夜合花、夜来香、瑞香、茉莉花、素馨花和鹰爪花，均是色香妙绝。兹就其品种类别分别作简单的介绍。

一般的亚热带花木，如夹竹桃、散尾葵、刺桐、苏铁等。竹的品种较多，而且美观，如佛肚竹、崖州竹、粉单竹、撑篙竹等。

外来引进树木，如南洋杉、楹树、银桦、台湾相思、千层树、柠檬桉、大叶紫薇、芭蕉、假槟榔和大王椰子等，原产南洋、澳大利亚及南美等地。

乡土树种，如木棉、乌榄、仁面树、白兰、黄兰、鸡蛋花、榕树、水翁、水松等。这些树木除观赏外，还有经济价值。

岭南果木，如荔枝、龙眼、芒果、杨桃、蒲桃、黄皮等，不仅是名贵果树，而且形态优美。

攀缘植物，如炮仗花、夜来香、鹰爪、簕杜鹃、麒麟尾等。

另外还有肉质、水生植物，等等。

由这些树木花卉配植起来构成的庭园空间，别具风貌，这也是岭南庭园的主要特点之一。庭园花木一般作为水石、建筑的衬托和点缀，增加景物掩映的姿态，但在岭南庭园中，亦有以绿化为庭园景物的主要构成成分，庭中满栽翠竹，或者遍植果木（荔枝之类），绿荫馥郁，与以水石为主景者相比又另有其风韵。花木栽植，注重本地绿化材料的运用，又因不同类型的庭园而配植不同的花木。

厅堂前的平庭，多种桂花、玉堂春（紫玉兰）、荷花、玉兰等，是取"金玉满堂"吉祥之意。较为广阔的平庭，亦有栽植一两株椿树或白兰、乌榄等，整个空间浓荫覆盖，别有清凉的感觉。至于别院平庭，常见有芭蕉、竹、木棉、棕榈等。另外，荔枝、龙眼、杨桃等果木，亦多结合平庭种植。

岸边植树，喜用水松，挺立于水际，萧疏苍劲。或种植水蓊、刺桐、榕树和蒲桃等，枝横水面，另有风趣。洲渚水边，常见配植美人蕉、姜花、花叶芦竹等。

配合立石或石景，植鸡蛋花作"悬崖"状，疏影横斜，另具简练圆浑的风趣。其他如九里香、罗汉松、米仔兰、鹰爪、簕杜鹃，或者棕榈、竹丛，都是最好的衬托材料。较大的假山石景亦有运用榕树、朴树等来配植的。另外，作为石面被覆，常见有薜荔、凌霄、硬叶吊兰、吉祥草和蕨类植物等。

篱落多用观音竹和山指甲配植。棚架藤蔓植物常见有葡萄、金银花、夜来香、秋海棠、炮仗花等。

岭南造园在材料运用上，多因地制宜，紧扣用料原则，如用铁枝做漏花窗、用钢管做栏杆等，临海地区还有利用海中珊瑚石（俗称咸水石）堆造假山者，这些都符合就地取材之意。岭南庭园有它的特点和地方风格，如果以"稳重雄伟"来形容北方园林、"明秀典雅"形容江南园林，那么岭南庭园该称得上是"畅朗轻盈"了。

（夏昌世、莫伯治）

岭南庭园

——
1963年

一、岭南庭园概况

岭南庭园，年代最古而尚有实物可稽者，有南汉时期创建的"仙湖"，到现在还遗留着一些残迹。广州教育路的"九曜园"，其中的水石景就是当时仙湖中"药洲"的一部分。它运用巉岩的湖石、小堤、石洲等景物，准确地衬托出"洲渚"水型的特征，这说明过去岭南造园艺术已经具有高度的水平。宋明时期的"药洲"曾被列为羊城八景之一，为士大夫们雅集之地；米襄阳在"九曜石"上题刻"药洲"两字，至今还保存下来。清代将"药洲"改名"喻园"，虽然兴替交迭，但仍具相当规模。园内设有八景，有图有咏志刻于石，可略悉当日概况。从残迹看来，其间运用体型巨大的湖石，晶莹洁白中略带红络，嵌岩突屹，玲珑翠润，疏落散置于洲渚之间，使水石造型清空古劲。自南汉迄今1000多年，园之兴废大概可考者如此，这部分水石景能够保存下来，在国内恐怕是罕见的例子。

  岭南庭园为数众多，在明末清初仅潮州府城就有 30 多处，潮剧《陈三五娘》中黄碧琚母亲黄婆的花园就是其中非常出色的一处。现在还有一两处据说是明末遗物（城南书庄后园），但已不可考证。至于清代遗例各地虽多，其中不少是具有一定艺术水平的佳作，但由于人事更迭，荒置日久，已不断损毁。如广州荔枝湾的海山仙馆、荔香园，花地的馥荫园、杏林庄，黄埔的小山园，顺德的飞盖园，陈村的竹坨园、小平泉，碧江的小蓬莱，龙山的邱园，中山石岐的清风园等。除有些尚留下图卷或题咏外，仅遗废址。有些侥幸保存下来，由于年久失修，亦日趋损坏，或仅余一些建筑，或只剩假山水石，亟待维护修理。现存较为完整的庭园，大小尚有 30 余处，年代可上溯至嘉庆、道光的无几，其余多为清末所建。这些庭园的分布，大都集中于粤中和潮汕两地，由于这些地区过去的经济文化比较发达，而封建统治阶级的显贵、士大夫、豪富之流，也多在这些地区营构宅第。

  粤中地区庭园的地方风格较为突出，有代表性的要首推广州西关的花园、佛山群星草堂、番禺余荫山房、顺德清晖园和东莞可园等。潮汕地区由于与闽南毗邻，关系密切，而闽南事物又多受江浙一带影响，庭园比较富于江南韵味，如潮州的城南书庄、梨花梦处、饶宅花园，澄海樟林的西塘，潮阳的西园等都是这一地区的代表之作。

  岭南庭园和全国各地的一样，过去都只是为剥削阶级所占有，因而在功能、结构意境和经营处理上都带有一定的局限性。旧的庭园大多数附于住宅的前后或侧旁，结合生活起居来布置，另外一些则附属于书院、寺观等，或者亦有专门设计作庄园，总之是以满足少数人的享受为目的。新中国成立以来，新时代庭园的创作，是在运用岭南庭园优良传统的基础上，结合不同使用功能，创造出不同类型的庭园，现在已经有了一些初步的实践经验。其中，如新会城圭峰招待所、广州北园酒家、泮溪酒家及越秀公园内"听雨轩"等，都是采用传统的造园手法来解决现代生活功能的一种尝试。在国民经济日益发展的前提下，结合新的内容和新技术的成就，岭南庭园将有更大的发展领域和光辉前景。

二、岭南庭园特点

由于地理关系，岭南地区与海外的交通往来远在唐代已甚频繁，外来文化接触较早，在造园方面也受到一定影响。加上历来有其地方的传统爱好，以及手工艺发达，故在工艺美术上形成了独特的风格，庭园装修显得通透明快，玲珑多彩。因气候温和，建筑一般比较开敞自由，内外空间互相渗透，园景的树石亦采用地方材料为主，使庭园的构成显出浓厚的南方风貌。因此，岭南庭园除了具有中国庭园固有的共通点外，还形成了一种岭南的风格。这种风格的特点，通过格局、石景、建筑、装修和绿化等方面表现出来。

岭南庭园以双庭布局为多，规模亦较小，除个别（如潮阳西园等）外，空间处理一般比较平易，起伏不大，以清空平远为主。组景喜欢运用花木灌丛和散石，并相当注意庭园外边界空间和建筑群空间的安排。总平面也有汲取外来的布局手法，采用几何式图案、中轴线、对称的布局，亦有运用"连房广厦"作成组成群包围大院的处理。

石景的构筑技法和造型，与一般的掇山有所不同，如潮州筑山，喜运用大块而具有天然剥蚀表面的山石，形体沉实，古拙浑厚。广州的筑山技法主要是石塑，先以砖碌（砖块）或顽石裹铁条做成坯（骨架），然后用纹理清晰的英石石皮贴于骨架上，构筑不受石块的限制，因而山石形态可以随意塑造，拳曲飞舞，剔透玲珑。

庭园建筑在类型上的选用，拘束不大，变化亦多，如创造一些新的类型，汲取外来的建筑形式和运用某些罕见的建筑类型等。平面处理则适应气候条件，极力创造开敞通透之感，并运用多式多样的手工艺和地方特有材料，使建筑的立面和色调轻松明快、活泼雅丽。

单就庭木花卉品种来说，岭南有很多所谓的乡土树，如榕树、木棉、乌榄、人面子（银稔）、水松、黄兰、白兰、米仔兰、鸡蛋花、鹰爪、炮仗花等，不但冬夏常青，而且树态奇丽、色香俱妙。南方果木，如荔枝、龙眼、芒果、杨桃、香蕉等，常为庭园中最好的绿化材料。庭园景物有时亦以花木作为主要构成，从馥荫园及喻园（九曜园）的图卷或碑刻可以看出，这些园的内庭空间构成还是以绿化为主。绿化与石景之不同，是静与动、凝固静止与孕育滋长的区别。绿化空间四时都在发生变化，一年到头尽是香花绿树、万紫千红，因而使得岭南庭园清新活泼的气氛更为突出。

部分岭南庭园一览表

园名	所在地	年代	庭园现状	附注
九曜园	广州教育路	南汉	仅余水石残迹	南汉时期"仙湖"的药洲，宋为"环碧园"，清为"喻园"，有碑刻图咏
飞园	广州六榕路		大部分已荒废	有"美女梳妆"石景
盛宅小院	广州文德路		已毁	
北园酒家	广州小北花圈	1957		
银龙酒家	广州西关			雅集园故址，新中国成立前改为酒家，1962 年修理及扩建，有"阁亭"及入口处迎宾石
小画舫斋	广州西关	清末民初	破旧，部分较完整	
某宅花园	广州西关	民国十年间	破旧，石景尚完好	有"风云际会"石山，西洋古典式水阁
泮溪酒家	广州西关	1959		
海山仙馆	广州西关		不存	有图卷
荔香园	广州西关		已毁	
纯阳观	广州漱珠岗	清道光年间	较完整	

园名	所在地	年代	庭园现状	附注
馥荫园	广州花地		不存	广东省博物馆藏有图卷
杏林庄	广州花地	清道光年间	尚有遗基残迹	有《杏庄题咏》
小山园	广州黄埔		不存	有《小山园图咏》
萝峰寺	广州萝岗		较完整	新中国成立后修理
余荫山房	广州番禺	清同治年间	较完整	
群星草堂	佛山梁园内	清嘉庆、道光年间	较完整	被误称为"十二石斋"
云泉仙观	南海西樵山		完好	新中国成立后修理
白云洞	南海西樵山		完好	新中国成立后修理及扩建
荡云	广东新会	清末	部分完整	有散理石庭
圭峰招待所	广东新会	1960		
邱园	广东顺德龙山		有遗基残迹	有《邱园八咏》
小蓬莱	广东顺德碧江		已毁	
竹坨园	广东顺德陈村	清同治年间	不存	
小平泉	广东顺德陈村		不存	
飞盖园	广东顺德大良		已毁	
清晖园	广东顺德	清道光年间	完整	1959 年修理及扩建，将楚香园、广大园并入
楚香园	广东顺德			
清风园	广东中山		不存	有图卷
可园	广东东莞	清咸丰六年	较完整	有《可园遗稿》、"狮子上楼台"石景
道生园	广东东莞	清咸丰年间	部分荒废	

续表

园名	所在地	年代	庭园现状	附注
梨花梦处	广东潮州	清道光年间	较完整	
城南书庄	广东潮州	明末清初	较完整	
半园	广东潮州	民国初年	较完整	
饶宅秋园	广东潮州	民国十一年	较完整	
王宅后花园	广东潮州	民国廿年间	较完整	
某宅内庭小院	广东潮州		较完整	"大厝书斋建"形式的住宅
西塘	汕头澄海	清嘉庆初	较完整	
西园	广东潮阳	清光绪年间	较完整	俗称为"水晶宫"
磊园	广东潮阳	民国初年1914	较完整	

三、庭园布局

　　岭南庭园规模较小，而且多数是和居住建筑结合在一起。为了便于分析问题，在谈布局之前，先对"庭园"与"园林"两个名词在含义上的区别略加辨析。我们认为，这两者的区别，主要应从功能上来分析。

　　庭园的功能以适应生活起居要求为主，适当结合一些水石花木，增加内庭的自然气氛和提高它的观赏价值。一般来说，庭园的空间是以建筑空间为主，山池树石等景物只是从属于建筑，假设将建筑环境抹去，园景就会失去构图的依据，水石花木也就不成为"景"了。人们欣赏庭园中的景色，常以"静态"观赏为多，结合日常起居生活，停留在三两"点"上来欣赏一些特意创造出来的"对景"，所谓"开琼筵以坐花……"，正好说明庭园布局上的这一特点。换句话说，这就是将居室空间和自然空间结合为一体的布局目的。

园林应有的功能则为游憩玩赏，规模较宏大，人们进入北海公园或是颐和园，目的就是游览，因而随处要创造风景来切合要求。园林的空间结构是以自然空间为主，要追求风景"点""面"的造型格局，建筑不过是园内景色的点缀物，从属于自然空间环境。虽然建筑成组成群，亦不过是"园中有园"（园林中有庭园）的局面。园内布景的安排，始终是通过一条"动态"的游览路线组织起来的。

在总的关系概念上，园林和庭园的主要区别是——建筑空间和自然空间主次关系不同、规模大小不同，风景线的组织"动""静"各异等。这些不同的因素，决定了设计的方向。因此，我们认为"庭"是庭园的基本组成单元，由几个不同的"庭"组合成为一座庭园，而建筑、水石和绿化则构成"庭"的空间。由于上述庭园的关系及性质，所以庭园布局就得先从"庭"的种种问题谈起。

庭的类型与构成

不同的景物，构成各种不同的"庭"，其类型大致可分为平庭、石庭、水庭、水石庭和山庭 5 种。

1. 平庭

平庭主要为厅堂的前庭，接近日常的起居生活，建筑的气氛较浓厚，一般地势平坦，阶前有铺砌，由于景物繁简不同，可分为以下两种类别。

（1）**摆设式的平庭**。在庭院内、厅堂前，布置一些花台、莲缸或矮栏、花基，设一两支石笋，栽几株桂花、玉兰之类的名贵花木，是"金玉满堂"的配景方法。澄海樟林西塘花厅的前庭，就是在"抱印亭"前面，沿照墙正对花厅插石笋两支，缀以花卉，两旁矮栏分列，芳草平铺，布局整齐匀称，属于建筑气味较浓的格式。

（2）**水石对景式的平庭**。这种布置多用于规模较小的庭园中。在庭院的前面，主要靠照墙布置一些石组灌丛，甚至小溪、桥、亭等，规模都很小，所占院子的面积也不多。如潮州太平路的半园，实际是住宅前庭性质，面积仅 70 ㎡，厅堂为三开间，正间前附"拜亭"，沿照墙堆叠几组石景，旁有小径临溪，逶迤至西南隅高处设六角小亭。阶前余地较多，坐亭对景，颇为雅致。

2. 石庭

石庭是以山石为景物的庭，可分散石和叠山两种。

（1）**散石石庭**。佛山群星草堂的石庭，以散理石组为主要景物。在苑道的当眼处，配置一些峰形的立石，或大小组成的峦石，缀以棕竹灌丛，树石掩映，给人一种联想，好像除了峰峦散石露土之外，还有盘岩石根在下，毫无做作，意态天然。庭南堆土成台，类似"平岗小坡"，沿坡脚散理英石，有"未山先麓"的境界，潇洒别致。整个石庭运用石料不多，由于石的形态和纹理古雅优美，位置得宜，环境衬托恰当，更觉幽雅自然。像这样的例子，在国内也恐是罕见的。

（2）**叠山石庭**。潮阳磊园的内庭景物，是以山石堆叠石景，构成巉岩起伏的空间。庭内有古朴和老榕树各一株，虬根箍石，盘屈萦纡。朴树后有两层的洞房，为普通房屋的构造，外用山石贴叠，沿小径拾级登房顶平台，俨然山巅。全庭面积约 100 ㎡，尽为假山所占有。由于楼厅过于迫近石景，有意识地将房屋的前阶筑低，扩大空间的起伏，使人觉得山高屋卑，手法颇妙，可惜砌叠技法未能掌握石料的特点（用多种石，主要为花岗岩山石），造型有点儿夸张，"刀山剑树"，殊不自然。

磊园剖面

3.水庭

　　面积不大的内庭小院，筑山容易拥塞，若水源可以解决，不如用水局来扩大空间，更觉清空平远。水庭的特点，是水面在庭园中占的面积较大。由池塘结合建筑构成的庭园，一般亦可称为"池馆"，不过规模有大小，建筑的配合有疏密，其中可分成下述几种类别。

　　（1）内院式水庭。简单地说就是"水天井"，四周有建筑包围，如广州清水濠盛宅书偏前院（已毁），面积只有 20 ㎡，基本上挖作水池，池岸墙角之处原有古槐一株，散列一些石景，局面虽小，但寄意深远，给人以优美雅致的感受。另外西樵山的云泉仙馆，在山门与大殿间的院子内，两旁贴墙栽竹，中挖方池，有石板桥隔池为二，其中泉水清澈、游鱼可数，并以大缸植莲花置池中，调子清新雅致。大殿高出桥面九级，石桥低平水面，扩大内院的起伏，既显得内庭空间清空平远，又觉得大殿雄伟庄严。

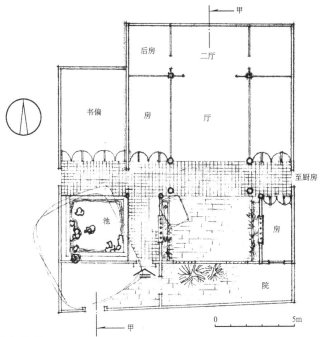

清水濠盛宅平面

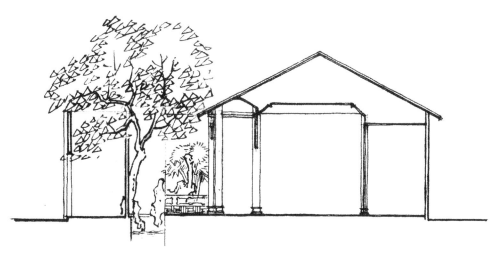

清水濠盛宅剖面

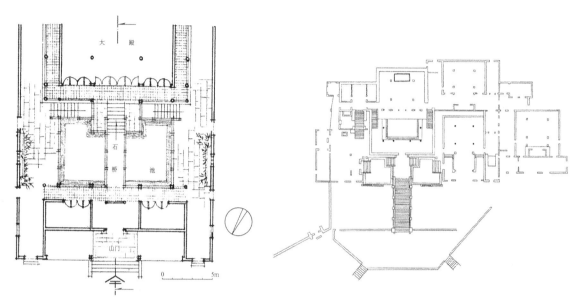

云泉仙馆平面

萝峰寺玉嵒书院平面

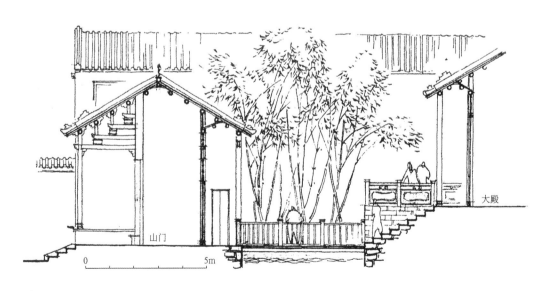

云泉仙馆剖面

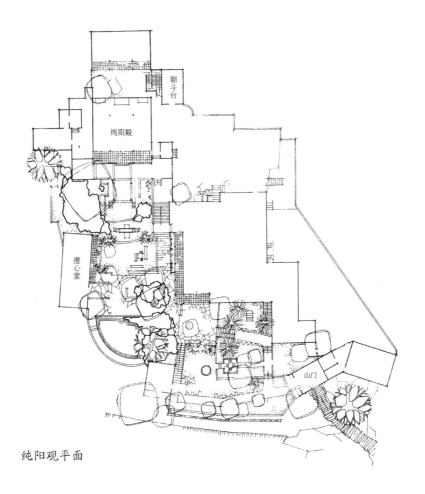

纯阳观平面

（2）**池塘式水庭**。水的局面一般较为开朗，如清晖园的方塘及群星草堂的池塘均属于这一类。特点是水面比较大，临水建筑作为水景的衬托，一般为亭、榭之类的小型建筑，疏落参差，突出水面。水岸结合桥堤树石，和陆上空间互相渗透，构成疏朗平远的内院空间。

（3）**山塘式水庭**。这种水庭结构，仅见于山坡地势的庭园，如广州萝峰寺、纯阳观的内院，主要是在较陡的斜坡上挖堑筑坎，蓄水作池，周围房舍则建筑在不同标高的地段。

4.水石庭

水石庭的特点是不论水面大小，运用石景和建筑衬托出不同水型的特征，如壁与潭、石与溪、山与池等。由于水面的大小、石景的高低、建筑的疏密等关系，水石庭的布局方法基本有两种格式。

（1）疏朗的水石庭。 潮州城南书庄的后院，是以水池为主、石景为辅的水石庭，面积仅 70 ㎡，水面占大部分。池略作曲形，周围绕以矮栏，池西有石矶峭竖水面，东北角夹巷处设澳口，与池相连贯通，上跨小石拱桥。池底成级状，沿池边略浅，当中较深，可以限制荷、菱滋生漫布，亦是种莲之一法。厅堂背面临池，正间有"过墙亭"凸出，造型优美，显然是水榭的格局。池东地势稍为起伏，沿后院墙叠石数组，缀以棕竹，并有意识地将石景座基提高（高出苑道50cm）。隔池眺望，山高水低，树石掩映，加以池岸曲折，形成开朗深远的局面，从而扩大了内庭空间感觉。

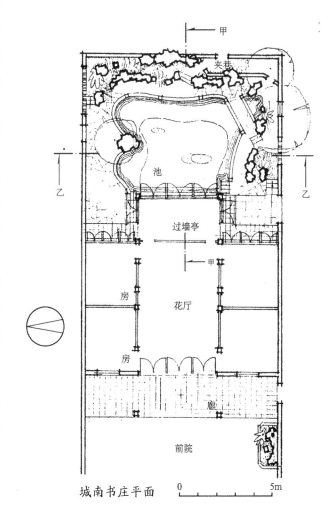

城南书庄平面

0   5m

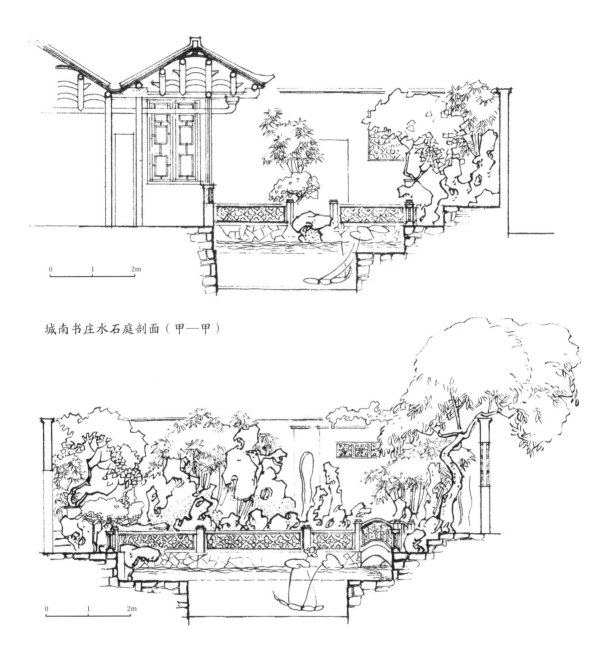

城南书庄水石庭剖面（甲—甲）

城南书庄水石庭剖面（乙—乙）

（2）**幽邃的水石庭**。庭的主要景物为石景，水面较小，从实例看来，多为壁潭或山溪一类的水型。如潮州饶宅秋园，穿过花厅前院东墙月门，进入以山溪水型为主的水石庭。沿院墙有径临溪，折路往东渐陡，至东南隅置六角小亭，背石面水。出亭经小径，两旁石势岩巉，靠墙尽作壁山，奇峰危崖，状若倾覆，临水则峦石错列，为岩为穴，垂悬水岸，幽邃曲折。北行山径忽尽，断处通桥，斜接对岸，至是山势崛起，贴墙设石梯，可登屋顶平台，梯侧有石门洞，为"云棱轩"入口处。轩前有小院，如处岩洞中，东侧构书屋，接山临水，《园冶》云："更以山石为池，俯于窗下，似得濠濮间想"，与此间境界正相仿佛。

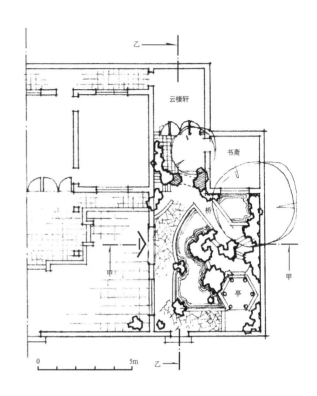

秋园平面

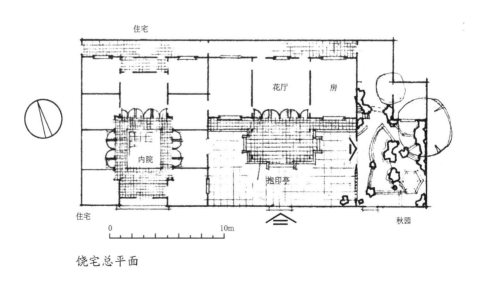

饶宅总平面

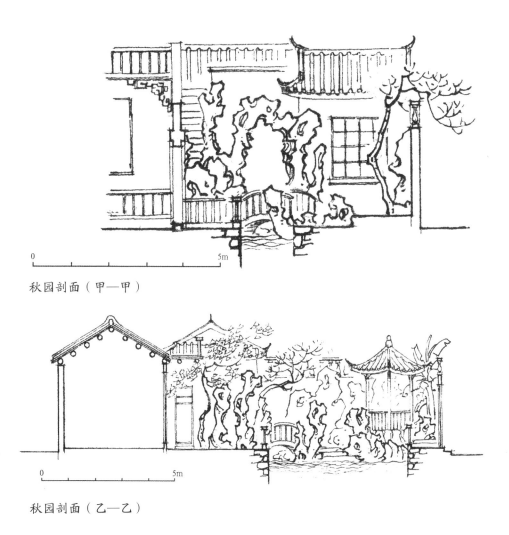

秋园剖面（甲—甲）

秋园剖面（乙—乙）

5. 山庭

　　山庭因地势而依山筑庭，多为庙宇寺观的庭院，常位于山水名胜地区。就地势的高低差设坎筑台或建亭榭，是《园冶》所谓"山林地"庭园之一类。其中因坡地或陡或缓，筑法也就各有不同，根据实例有陡坡山庭和缓坡山庭的分别。

　　（1）**陡坡山庭。**西樵山白云洞的山庭，依陡坡地势构筑，全庭彼此高差很大，因而无须像平地造园那样采用扩大空间的手法。从这里得到一些依山筑庭的体会，大概有 3 个问题要处理：a. 将山坡的空间周围约束一下，构成一个内庭的感觉；b.将庭内陡斜而又单调的地形，加以适当处理，显得丰富多彩一些，做成坡上有台阶、磴道，有斜面，也有横线条；c.由内而外，层层借取外景。

白云洞山庭的空间界限，东面为分级建筑的"舜琴小筑"和"守真阁"等小楼，西面是"戴云精舍"，北面坡脚临崖建船厅"一棹入云深"，坡顶为崖壁。庭内除船厅前约5m宽的平地外，其余尽是陡坡，只得开山作级筑坎，设磴道、步顿及平台等接东面的小楼。至坡顶为壁下山径，旁有台，筑"唾绿亭"，穿亭与"戴云精舍"的磴道相接。坡地满布竹木，与山径台阶穿插掩映，在翠筠茂密之处隐约露出小楼一角，构成高低错落、幽邃雅致的园景。

白云洞山庭

（2）**缓坡山庭**。依缓坡地势，分级、分台阶来建筑房屋和布置庭园，如广州纯阳观山庭就属于这一类。入门为一些台阶小院，转至殿前山庭，左右两厢分级建筑，并虚前作爬山廊。庭亦分作台级，前部筑坝为池，后部石蛋遍布，盘岩露根，意态古拙。循廊登殿前石台，上建香亭，凭栏眺览，园景尽皆入目。

庭的平面与组合

庭园是由几个不同类型格式的庭组合而成，所以"庭"是庭园的单元结构之一，因而庭园的平面布局关系可从下列几方面来说明。

1. 庭与建筑的位置关系

由于庭不能脱离所在建筑环境的衬托，经常都是在建筑物的前后左右或者当中，因而在位置上可以分为前庭、后庭、中庭和偏庭几种。

（1）**前庭或后庭**。简单来说，就是指厅堂前面或后面的院子，一面是厅堂，对面为照墙或后院墙，左右为两厢或院墙。潮州的庭园，有时花厅正间凸出一座方亭，如在前庭称作"抱印亭"，在后院则叫"过墙亭"。半园、西塘等平庭是花厅的前庭，城南书庄水石庭为花厅的后庭，俗称后花园。

（2）**中庭（亦称内庭）**。庭院夹在对朝厅堂（注：后出廊建筑一般在主厅堂前，使后面的廊与主厅堂的前廊呼应，俗称"对朝厅"）当中，左右为廊、院墙或两厢所构成的方形内院。如潮州王厝堀池墘某宅的内院及西樵山云泉仙馆的水庭等均属于中庭结构。

（3）**偏庭（亦称便庭或侧庭）**。在房屋侧旁或靠建筑物的山墙，如饶宅花园的水石庭是紧靠住宅东面的山墙、群星草堂的水庭则在船厅的侧面，故亦称这类庭院为东花园或西花园。

2. 庭的平面

庭的平面处理因地形而异，没有固定的程式，《园冶》中关于相地有"如方如圆，似偏似曲；如长弯而环璧，似偏阔以铺云"的说法，本来就是灵活变化的。但"庭"一般是以建筑作为界限，由于建筑物的平面轮廓关系，大体上形成几种常见的平面。

（1）**方庭**。院子周围由方整的建筑作边界，构成方形的庭。厅堂的前后庭以方庭居多（尤其内院的庭），并且一般为平庭类型。

（2）**曲尺庭**。建筑偏于院子一隅，由于没有空间过渡，构成的庭为曲尺形的平面。如广州逢源北街的楼房处于地段的东北隅，曲尺庭在住宅前（南部）为平庭布置，旁侧（西部）是水石局。清晖园中部厅堂前面的庭，基本也属曲尺形的处理，但划分为3个平庭。

（3）**凹字庭**。潮州的平庭，由于厅堂的正间常凸出"抱印亭"（或戏亭等），使庭的平面呈凹字形，如"梨花梦处"两个平庭都是凹字形，结构颇为别致。东莞道生园"问花小榭"的庭，也是凹字形的平面。

（4）**回字庭**。建筑物在庭的当中，四周为庭所环绕，成回字形的平面。如余荫山房的水厅，就是建在水庭中央。

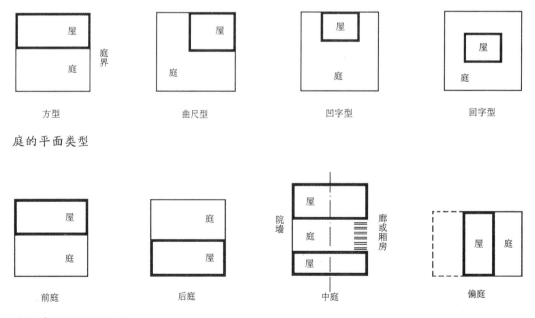

庭的平面类型

庭与建筑的位置关系

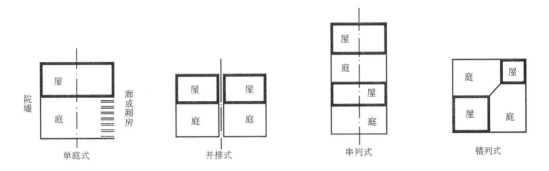

庭园组合示意

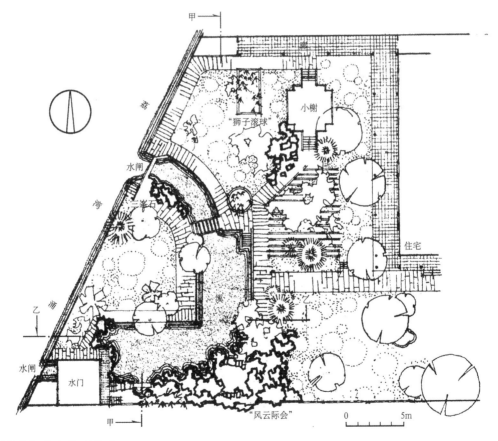

逢源北街某宅花园平面

逢源北街某宅花园剖面（甲—甲）

逢源北街某宅花园剖面（乙—乙）

3.庭园的组合

　　庭园往往由几个不同类型或是同类型而不同格式的"庭"组合而成，这样景色才会有变化，丰富多彩，而不至于单调乏味。其中有些"庭"是重点布置的，作为庭园主景所在，其余则比较简单平易，起到辅助作用，构成了有主有次、协调统一的局势。至于庭的组合，当然变化尚多，但大致可以归纳为下列几种类型。

（1）**单庭式**。最简单的结构，就是一所庭园只有一个庭，如上述半园的前庭、城南书庄的后庭等。

（2）**并排式**。如果庭与建筑物都是平行并排的，这就形成并排的庭园结构，如"梨花梦处"是一个前庭和一个中庭并排的庭园、广州北园酒家的庭园则为东西两排对朝厅堂的中庭并排结构。

（3）**串列式**。在狭长形的地段，纵轴南北向，为了争取建筑向南，将地段分成数截，在适当的间距布置建筑物，一幢隔着一个内院。如潮阳西园、花地杏林庄（已毁）等，都是串列式的庭园结构。

（4）**错列式**。在宽阔和较方整的地段，为了使庭园布局有些曲折、空间结构较为深远而又有变化，将建筑物对角错列，因而所对着的庭也是错列的。如群星草堂的石庭和水庭、西塘的平庭和水石庭、可园的两个平庭，都是错开布置的。

（5）**综合式**。在规模较大一些的庭园中，庭的组合也就比较复杂，常常包括几种结构形式。如泮溪酒家是由两组串列式的庭构成一座田字形的庭园，清晖园则由并排、串列等形式组合而成，广州西关小画舫斋则为中庭并排和错列式的综合。

另外还有一种庭园形式，基本上也属于综合式的布局，结合住宅平面组织，错落穿插若干内庭小院，为中庭、偏庭，或为前后庭院。有时亦只像个小天井，其中布置一些水石花木或盆栽，构成居室的关系非常潇洒雅致。潮州称这种平面布局为"大厝书斋建"，王厝堀池墘某宅就是这种格局的典型例子。群星草堂东西对朝厅堂当中插入一座过水亭，隔内庭为二，另外小画舫斋第一组房屋的内院天井等，都是属于这种类型的处理，既可增加居室的自然气氛，亦可解决内部的通风透光。这种运用内外空间关系的渗透手法，是中国居住建筑设计最优秀的传统手法。

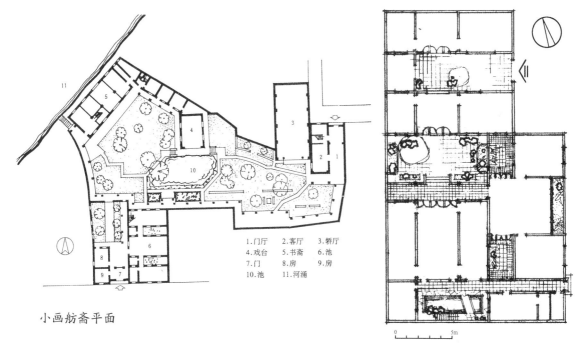

小画舫斋平面

1.门厅　2.客厅　3.轿厅
4.戏台　5.书斋　6.池
7.门　8.房　9.房
10.池　11.河涌

0　　　5m

王厝堀池墘某宅平面

4. 庭与庭的空间过渡

一所庭园之中，虽然包含着几种不同类型和格式的庭，但相互间是互为补充、不能截然分开的，因此庭园布局关于庭的组合问题，除了组合的形式外，还有庭与庭之间的空间过渡问题。从一个庭到另外一个庭要有一定的过渡空间，要求既不要将两个庭绝对隔绝开来，但也要有一定的分隔。因而需要采取一些空间处理的方法，使人们透过这些空间，不知不觉地从一个庭转入另一个庭，在感觉上有变化，引起不同的感受。从实例所见，运用的手法大概有下列几种。

（1）**空间分隔**。两个景色截然不同的庭，如潮州饶宅花园，一为平庭，另一为水石庭，而景物之间又没有什么可互相资借，因此，在两个庭当中用一道围墙分隔开来，设月门洞，使两庭既分隔又相通；从平庭透过月洞望向水石庭，构成一幅优美的框景。又如泮溪酒家，在门厅后庭和北院之间隔以小花厅，在厅的西侧有暗廊通西庭，从暗廊南望，可以看到小花厅前面的水石对景。这些框景和对景的运用，也就是在空间分隔上的既分又合、既隔又通的处理手法。

（2）**空间约束**。主要是在两个庭之间利用开敞性的建筑（如廊或桥廊等）来收束一下空间的关系，不至于漫无边际。在两庭之间插进一条虚廊，实际上是互相通透的，但在空间处理上则有一定的约束性。疏朗的空间有大有小、有虚有实，有层次、有重叠，增加园景的深远感觉。例如，余荫山房以廊来划分两个水庭，透过这条水廊远望水庭，空间层次重叠，景色是非常深远的。

（3）**空间渗透**。有时不一定运用建筑作为空间过渡，如群星草堂在石庭与水庭之间，以一道矮栏和散石作为过渡。又如，西塘在平庭与水石庭之间，以一座石景作为过渡空间，假山东接前庭的照墙，石径沿溪蜿蜒，山回路转，倏忽间折至花厅的侧庭，两个庭的空间关系交织在一起，相互渗透为用。

庭园与"景"

庭园在功能上除了要满足生活起居的要求外，还需考虑到游憩观赏，因而在结构上处处运用造园的特点，将各种景物的形象（包括建筑、水石、花木，甚至珍禽异兽等）、色调、影与声（如池塘倒影和松、涛、溪声），配合季节明晦、风晨月夕等变化，构成具有诗情画意的意境空间。它不但要具有优美的造型，而且通过周围自然环境的衬托，诱使人们有深刻的联想，达到物外有情、言有尽而意未尽的境界。这样造成的视觉空间，就是一般庭园中所谓的"景"。中国庭园布局最大的优点是善于运用这些景，分布在不同的位置上，但互相之间又能连贯一起，成为一个有机的整体。

岭南庭园从它的景物内容来说，不少是由8个景组织起来的，这些景往往用简单几个字来概括、品题，形象地描绘出景的诗情画意。如杏林庄

杏林庄（摹自《杏林庄题咏》）

有"隔岸钟声、通津晓渡、蕉林夜月、桂径通潮、竹亭烟雨、板桥风柳、荷池赏夏、梅窗咏雪"八景，小山园有"云阁观帆、月台晚眺、琴斋古韵、鹤舫风清、鹿山通泉、砚池鱼跃、回澜梅影、竹林鸟语"八景，邱园有"浣风台、绛雪楼、碧花轩、淡白径、紫藤华馆、流春桥、涵碧亭、碧漪池"八景，喻园（九曜园）也有"环碧新淦、补莲消夏、校径晴日、芝莶垂钓、光斋延辉、鸳藻联吟"等八景。景的取材，根据庭园的自然环境、规模大小、园主人的爱好等有所不同，如小山园的八景中，涉及动物的竟有鹤、鹿、鱼、鸟4个景。此外，生活起居也往往成为园景主题的因素，如"校径晴日"和"芝莶垂钓"等。亦有不少资借外景作主题的，如"云阁观帆""月台晚眺"等，至于杏林庄的"隔岸钟声"更是无形的资借了。其余如亭台楼阁、桥径山池、花木鱼鸟等更是构成景题的主要景物。

由于不同的景，就构成不同类型的庭，如"补莲消夏""荷池赏夏""碧漪池"等，自然要挖池种荷，形成水庭的格局，"鹿山通泉""斗洞"等则形成叠石的庭。所以，在开始规划庭园时，就需要考虑取什么样的景，选用哪一些景物，从而决定各种格式庭院的类型。其次，要考虑到不同情节内容的景，要布置在恰当的位置才能得到应有的效果。如"云阁观帆""月台晚眺"等景，适宜处于庭园外围，临河近水，便于临流览胜。又如"可楼""浣风台"等，以收远景为主，《园冶》中所谓"远借"，适宜处于高矗所在，便于登临远眺。而"竹亭烟雨"，则要有建筑环境的界限，在一定空间之内，遍种竹丛，亭藏林内，更能表达出幽邃的气氛。

另外，景的布置，可能整个"庭"只有一个景，如上述的"竹亭烟雨"就是这样。但也有一个"庭"包括几个景在一起，如邱园的"碧漪池"上有"涵碧亭"，并有"流春桥"可通达。庭园中景的布置要有分聚，安排要有主次。总有一个庭是居于主要地位，主景的所在，局面要较为大一些，景的安排要比较重要和集中，使其成为全园风景线的高峰。庭园布局从景的分布和安排来说，一般是由平淡进至高潮，要有意识地安排景的情节，具有起承转合的节奏，使人游息其间，随着不同的境界而思潮起伏变化，觉得步移景换，空间层次分明，重叠深远，柳暗花明，耐人寻味。

庭园的空间结构

在庭园布局中运用各种不同的景物，先将厅堂楼馆、亭榭轩廊等适当错落分布，并于各种类型建筑之间穿插大小庭院，而庭园的空间结构部分（包括外围空间、建筑空间和内院空间）是通过各种景物（建筑、水石和花木等）的组合而实现的。

1. 外围空间

庭园布局，不仅要考虑庭园本身，还需考虑到外围环境。虽然外围环境是否有可取之处，不是庭园本身所能决定的，但如何结合外围环境有所取舍，在庭园布局上是可以做到的。《园冶》云："俗则屏之，嘉则收之"，对外围空间的处理，完全在于取舍是否得当。构成庭园的外围空间，由庭园的边界轮廓和边界以外的景物组成（即本身的立面艺术处理和对外借景）。外围空间，由于结合不同的界外景物，可采用各种不同的处理方法。

（1）蔽塞的外围空间。 在市街地段，周围为邻屋所包围，而房舍又参差不齐，无景可取（借），一般都采用空间隔断，如东莞道生园、潮阳西园、潮州梨花梦处、广州北园酒家等。这些庭园的特点，外面是没有什么可看的，内进才别有洞天，是一种有内无外、蔽塞型的庭园。

（2）与邻园空间的过渡。 毗邻的庭园，就其景物的安排，可以互相资借，如清晖园与楚香园之间，以清晖园的船厅作为两园的过渡空间。从清晖园船楼可俯瞰楚香园的池亭水局，扩大园景范围，相反的，从楚香园可仰望船厅小楼，增加庭园的起伏感觉，这是运用《园冶》的"俯借"及"仰借"手法。余荫山房与瑜园，也是以瑜园船厅作为两园之间的空间过渡。瑜园本身的内庭空间，水石花木结构本来乏味，但由于船厅后接余荫山房，登临眺览，邻园景色尽收眼底，因而从船厅来看，景物并不简单；余荫山房虽然没有船厅，但有邻园楼景可借。有趣的是两园夹墙之间，栽植粉竹，青翠摇曳，使两园景色连成一片。《园冶》所谓"倘嵌他人之胜，有一线相通，非为间绝，借景偏宜"，邻园互相资借，可说是最有效和最经济的布局方法。

（3）外景空间的渗透。 园外有水，是扩大外景空间的最理想景物。一般是将庭园的边界空间轮廓和界外水面互相渗透，融会在一起，构成园外的"景"。例如，樟林西塘北面边界的空间是石景结构，向内构成水石庭，朝外则与界外水塘结合起来，成为一个山池局的外景；加以船厅接石临水，所谓"培山接以房廊"，山池楼馆，高低错落，局面开朗，和园内的曲折深邃相对比，显得景色更加丰富；内外景界由假山联系成为一个整体，外景成为园景不可分割的一部分，布局手法绝妙。又如石岐清风园，由于外景局面开朗，园的周边建筑与外围融合一起，内庭反而宽豁疏朗，布置不多，可以说是以外景为主题的庭园。花地杏林庄的外围不设任何围护，仅小溪一湾，沿溪栽竹，园的里外毫无屏障，以示主人的旷达，这些手法不仅是借景，而且是与外景融会混合为一体了。

清风园（李咏堂先生收藏）

清池别墅，在白云山下。园乃绅叫女士令祖公铭天中理宝之所。之花竹泉石，为邑之冠。春秋佳日游集，骚人墨客觞咏其间，殆无虚夕。余记先居云祖绪香，曾口占一联云：园依绿水，问主人谁是风庶家；时来雅集，每逢诗句山有仙足。爱照花王人印清黄，谓秦此联并加跋语，典雅贴切，嘉就题于潇湘写梦馆以供严赏主人归。

（4）**外景空间的分隔**。在庭园内外之间，用一道通花墙或走廊分隔开来，但是，从园内仍可窥视外在景色，由园外也能隐约看见园内景物，这是隔而不断的空间处理手法。一般沿墙作"景框"，将外围景物纳入园景之内，即《园冶》所谓"邻借"，这种情况之下亦即"对景"。如泮溪酒家西面曲廊之外为荔湾湖，透过景框看到湖上小岛、岛上小亭；碧江小蓬莱透过景框可以看到隔院的景色，既是借景也是对景。

2. 建筑空间

庭园的建筑，主要布置在庭与庭之间，或者庭园的外围，当然也会有些小型的，如亭榭桥廊之类，结合水石布置在庭的内部。这些建筑构成庭园外边或内部的空间界限，起着空间的过渡与渗透、约束与隔断等作用。另外，由于整个建筑群在布局上有高低起伏，对于庭园的透视空间也起着扩大的作用。

（1）**建筑的外围空间**。建筑往往就是庭园边界空间的一部分，"蔽塞型"庭园的建筑外围空间是不用怎样去处理的，如庭园位于市街地段，为群屋所包围，它的建筑外围一般都很简单。但如前述的清晖园、瑜园或者西塘等的船厅，一方面它是两个园的过渡空间，另一方面本身就是景物的对象，因而这些建筑大都轮廓优美、造型轻巧、装修雅丽，富于观赏性。这是过渡性的建筑外围空间处理上所需注意的。

（2）**建筑群的透视空间**。指庭园的总体建筑群而言，一般在封闭型的庭园中，内庭小院，视野不广，从外到里都难得见到建筑群的全貌。但是有一些庭园，如东莞可园，独立建于村边水际，周围环境清旷，内庭也较开阔。如何处理它的建筑外围空间，特别是总体建筑群的透视空间，是这种庭园布局的最重要问题。可园根据本身环境特点，着重建筑外围空间和建筑群体透视轮廓的雕琢，以三组"连房广厦"式的建筑布局，构成掎角之势，其中可楼4层高耸，带领全园。建筑空间起伏呼应，有宾主、有层次，翼角高低相峙，檐牙回绕重叠。利用建筑的外围空间和透视空间作为庭园的主景，这是可园的最大特色。

（3）**建筑的内院界限空间**。内庭的界限空间，主要由建筑构成，作为内院景物的一部分，以过渡到水石空间。为了和内院的水石取得协调，面临内庭边界轮廓的建筑，一般多灵活变化。平面处理出入参差，打破四合院的方整格局，可故做一些回廊曲院，或在厅前凸出"抱印亭"等做法。立面造型上要求通透玲珑，廊回槛接，体型大小疏密，檐口高低错落，并在组织上与水石花木掩映相间。庭园建筑的内庭空间处理，在实例中差不多都是运用上述手法的。

（4）**室内空间**。庭园建筑的室内空间，须结合观赏性的要求来处理，主要有两个方面。一方面可以从室内或从室外"坐"赏园景，使可互相窥视内外景物，在设计上要求通透开敞、尽量减少屏障。岭南庭园建筑装修，普遍采用"到脚屏门"（即落地明造）或者"敞口厅"等，并且以花罩来点缀敞开的厅口，作为富于图案趣味的边框。同时有意识地运用对景手法，在室外朝着敞口布置一些比较凸显的景物，如一株古劲的庭树、一支秀拔的石笋或者一座玲珑奇巧的小亭等，构成一幅美丽的"框景"。

另一方面为室内的装修与陈设，其特色为通透玲珑，很少封闭隔断的处置。室内的空间在概念上是相对"流动"的，这就是装修陈设化和陈设装修化，装修与陈设往往综合在一起，从而使得室内空间玲珑嵌空，琳琅满目。例如，满洲窗心配以套色玻璃画，恰像一幅透明的斗方画，但它还是具有围护作用的窗扇。又如，利用博古架作为室内的分隔，陈列几件艺术品，既是装修，也为陈设，把观赏和实用统一起来，这正是中国庭园建筑在室内装修方面的优秀传统。家具摆设亦是室内空间组成的一部分，要求与装修取得协调，并有一定的完整性。装修和家具，一般应求简练利落，造型轻巧稳定。色调方面，广州一带以酸枝、珊瑚红漆及楠木装修的原色为主调，潮汕地区则用黑漆缀以大红和铺金为主调，配上书画佳器的陈设摆放和古树盆栽，使得室内气氛典雅闲适、清新活泼，既有宁静清幽的感觉，又带一些生机盎然的动态。

3. 内院空间

内院空间包括庭内的各种景物，它和院内的界限空间互相影响渗透，结合成为完整的景物空间。由于范围不大而又比较平滞，如果要符合景色多变和意境深远的要求，就必须采用一系列造园常用扩大空间的各种手法：a. 在平庭之内，布列散石灌丛，构成疏朗而又掩映的空间；b. 将内庭挖作水庭，增加清空深远的感觉；c. 用回廊曲院分割空间，使疏朗的内庭空间层次重叠；d. 在有限的内庭空间之内，用桥或虚廊划分大小空间，大小对比，小中见大；e. 用平远的壁山，使苑道结合山势曲折迂回，增加内庭的深度和出邃的感觉；f. 开池架山，增加地面的高低差，强调起伏之势。

上述处理内庭空间的几种手法，有时单独运用，有时在较大的内庭局面亦可综合运用。如泮溪酒家的内庭主要景物空间，有开阔的水面、峭壁的假山，亦有迂回屹崎的山径；内庭的游行路径，从低平水面的石板桥，蹑上架空的桥廊，转至爬山廊登山，复经另一石梯下至别院，院内有洞，洞口在石梯侧，从洞佝偻而行，可出至山池北岸，池岸壁下有山径蜿蜒，回复至原来的石板桥。这一条曲折蜿蜒的苑道，经过划分大小水面的石板桥、约束内庭空间的桥廊、起伏的爬山廊和石梯、迂回的山径、明暗不同的空间连接着标高不同的建筑物，综合运用各种扩大内庭空间的手法，是一种立体空间和平面相配合的布局。

四、岭南庭园布局实例

岭南庭园的布局，总的方面虽然仍是运用中国传统造园的方法，但又结合了地方特点：a. 汲取外来手法，如余荫山房是几何图案式的总平面，可园用"连房广厦"成组成群包围大院的布局；b. 注意对外围空间和建筑群透视空间的处理，如可园就是运用这些作为庭园的主景；c. 很少用独立的走廊来分割空间，除余荫山房有一条较长的水廊外，多数是倚墙或厅堂虚前作廊；d.石景规模不大，像西园及西塘的假山可以算是例外（喜用散石布置），群星草堂的散石庭属于第一流的佳构，荡云也是散石庭；e.喜欢运用花木作为内庭主要景物空间，如群星草堂配列石组灌丛、可园的荔枝林、邱园的梨林等，而杏林庄的"竹亭烟雨"则是以竹为主；f.布局比较平易，起伏不大，不过分曲折，以清空平远为主。

庭园可分为单庭、双庭和多庭结构几种，以双庭结构为多。值得一提的是单庭，它与建筑环境的关系更为密切，如潮州半园的平庭是前庭，城南书庄的水石庭是后院，西樵云泉仙馆的水庭是中庭等。

关于单庭结构，前面已经详述，不再多赘。为便于查阅，现列出几个比较典型的庭园及其结构关系。

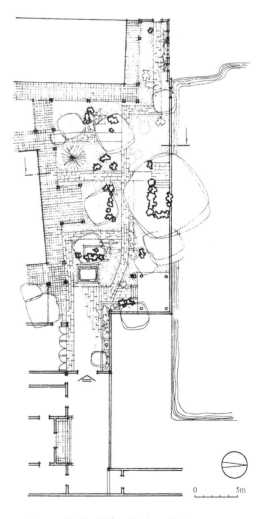

0   5m

柱石里杨宅"荡云"散石庭平面

柱石里杨宅"荡云"散石庭剖面

岭南庭园结构一览表

园名	庭园的结构			庭园的组合				庭的类型				
	单庭	双庭	多庭	并排	串列	错列	综合	平庭	石庭	水庭	水石庭	山庭
云泉仙馆	√									1		
城南书庄	√										1	
半园	√							1				
余荫山房		√		√						2		
梨花梦处		√		√				2				
饶宅花园		√		√				1			1	
道生园		√			√			1	1			
西园		√			√					1	1	
群星草堂		√				√			1	1		
可园		√				√		2				
西塘		√				√		1			1	
泮溪酒家			√				√	3			1	
清晖园			√				√	6		1		

1. 余荫山房

余荫山房位于广州番禺南村邬氏家祠之侧，建于清同治年间，为两个水庭并排、方庭和回字庭的布局。从南面入口，经门厅内院，穿月洞门往北折行，修篁夹道，再出二门则为庭园。

园分东西两庭，西庭在对朝厅堂当中设方池，为中庭内院式的水庭；东庭为环溪布局，在水中建八角形的水厅，环厅为溪（《洛阳名园记》有类似的记载）。这个以水景为主题的"水园"，大概由于面积有限（约900 ㎡），有意识地全部运用水局，增加全园清空深远的效果。西庭水面互相贯通，其间以水廊为空间过渡。另设有桥廊通水厅，尽量运用回廊曲槛作为划分空间的手段，层次重叠深远，颇具特色。环溪水局之南为瑜园，中隔夹墙，内栽粉竹，仿佛两园的景色合在一起。从水厅仰望瑜园船厅，竹杪小楼，居然像是园内景色，一点儿借景的破绽也没有，手法绝妙。

2. 梨花梦处

潮州梨花梦处建于清道光年间，为并排式、前庭及中庭的平庭结构。园分南北两部分，由南庭的南面进入，东为三开间，带前卷（敞卷）及后面有"过墙亭"的花厅。对开沿着照墙布置水石水景，并于西北角上设六角小亭，为潮州一带流行的对景式平庭布局。南庭北面建院墙，作为与北庭之间的空间分隔，穿过月洞门进入类似三合院的内庭，迎面为坐北朝南的五开间小厅，正间凸出"抱印亭"。东面为带前卷的另一座小花厅，其对朝临池为船厅式的小筑，当中凸出戏亭，隔池为二，体型少见。全园建筑为地道的潮州形式，布局平易，结构紧凑，园中遍植梨花，景物不多而有佳趣。

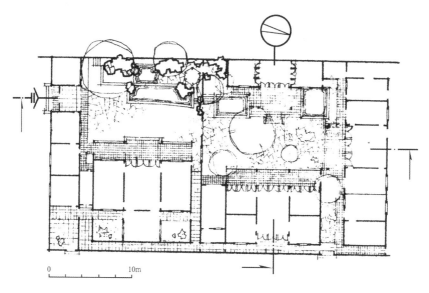

梨花梦处平面

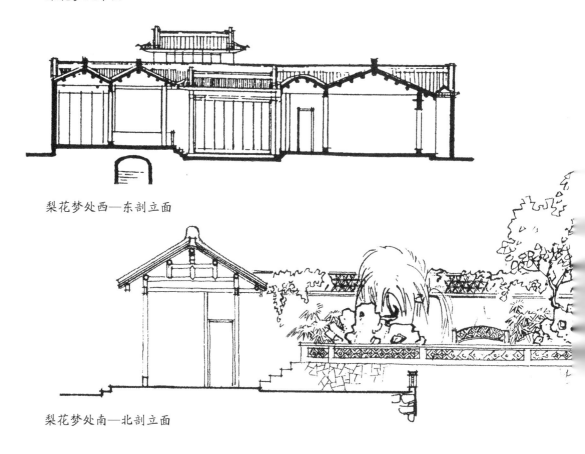

梨花梦处西—东剖立面

梨花梦处南—北剖立面

3. 道生园

    东莞道生园建于清咸丰年间，在住宅西侧，面积约 750 m²，为平庭和水庭的中庭串列式布局。园西临街外小涌（填没），过桥进入门内小院，往北穿月洞为水庭，折至南则为平庭，两庭间以花厅作为空间分隔。平庭南面为"问花小榭"，与花厅对朝；东面连以复廊，穿月洞门通往住宅部分。榭附墙而建，设八角门与后面的书房相通。庭中地面墁青色大阶砖，两旁筑有花基，可供摆盆栽花卉；阶前疏落点缀两支石笋，西墙一带种植几丛翠竹芭蕉，意态清幽，颇有"花间隐榭"的风趣。

    北面水庭以池塘（填没）为中心，西设澳口，有石板桥通，池北的舫屋（已毁）和楼厅沿池短栏曲绕，石径平铺，局面比较开朗。庭的西南隅筑台可登临，上有老树一株、浓荫遍盖。水庭景物，除楼厅还比较完整外，均已拆毁无存。楼厅为三开间的小楼，临池设廊，造型轻巧别致。

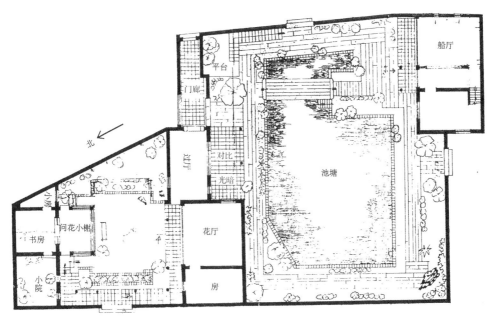

道生园平面

4. 西园

潮阳西园建于清末民初，为水庭和水石庭的串列式布局。从北庭西面的门楼入口，进入以荷池（填没）为中心的水庭，池北为住宅部分，东有"六角拉长亭"，支越水上，架曲桥通至南面长廊。亭为攒尖重檐，翘角带吊柱垂花，是潮汕地区流行的做法。从园门转右（南），经一石门洞，内为井院而至临水长廊；廊倚船厅北墙，栏杆交错，以美人靠及满洲窗装修，隔池观望，颇为华丽。循廊东行至书斋，折入西南为南庭，以船厅和长廊作为两庭之间的空间分隔。

南庭为曲尺形局势，由书斋、船厅、水楼和界墙构成庭的空间界限；船厅（单层）和水楼（二层）沿庭的西北两区构筑成曲尺形平面、小檐平顶，中隔通天，跨以天桥或蹬道相通。厅的东南边界筑山，峭壁临潭，面对水楼及船厅，坐观峭壁，高不见顶，下无路径，有"万丈悬崖之势"；这个水石庭是壁潭局的结构，山高水深，精确地突出"潭"一类的水型特征。从壁山至对岸楼厅有三条路线可通：a. 东北线，接船厅的东端，作岩洞状，下为潭，题曰"潭影"，洞顶石梁（悬磴），通船厅天台；b.中线，以石板小桥沟通两岸，接登假山螺旋梯，上有小园亭曰"螺径"，循洞内石级下至潭底水窟，仅有一席之地，面水嵌以玻璃，俗称"水晶宫"，水窟之上为台、为壁，题曰"橘隐"；c.西南线，山的西南与水楼衔接，实际上是三层石山复道，层层与水楼相通，出底层为悬岩栈道，崖顶有洞接二楼，仿洞房的做法，洞顶又有石板通屋面平台，亦可折至船厅天台，接上述东北洞顶的石梁，因而可以从天台、壁顶绕行一周。

西园的水源不洁，为处理流入的污水，先引水至莲池，经初步净化后始流入潭内。潭亦分为上下两级，先在东北部上级再一次澄清，才注入"水晶宫"的水潭。

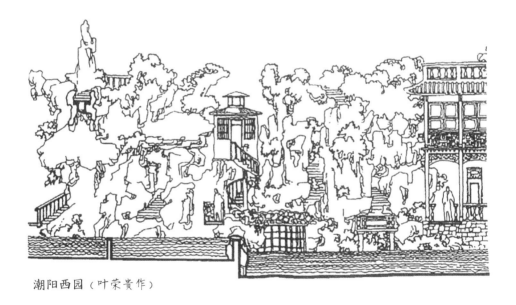

潮阳西园（叶荣贵作）

5. 群星草堂

佛山群星草堂为梁宅花园之一部分，为清嘉庆年间梁九图（诗人兼画家）等人所建，为错列式布局，由水庭、石庭各一组成。石庭之东为一组对朝厅堂，内院设"过亭"相连，沿外墙为一带修廊，与庭北"秋爽轩"

（花厅）前廊衔接。轩的西侧为船厅，旁植洋蒲桃一株，其南面靠山与土同麓的小筑相峙，中间临池岸，设矮栏和散石，作为两庭之间的空间过渡。苑道用陶砖铺砌，在花厅南北轴线上约4m之处有方亭（已毁），再南约20m为垒土成岗的墩山，使得石庭平易中有起伏；沿路径错列布置散石灌丛，以棕竹为主，清空而又见曲折。小岗分作3个台阶，并散理麓石，斜置步级，傍列立石，岗虽不高（约2m），但石势峥嵘逼人。岗上配植较密，有山松和玉堂春各一株，其他为九里香、罗汉松、苹婆和枇杷等。平地筑山，运用"平岗小坡"的造法，颇为经济而得自然的风趣。有围墙隔岗为二，设月洞门相通，过此为菜园花圃，现已荒废。

水庭位于船厅西侧，池作不规则形状，为自然式池岸，有两澳口，均跨以石板小桥，低平水面。北墙靠近船厅之处设水闸通外塘，架拱桥斜接对岸，沿池杂植水松、崖州竹，疏落有致。凸出西面池岸建八角形水阁一座（已毁），傍院墙设级登临，旁有月洞通梁园，水阁、拱桥和船厅三者鼎峙，在平远中有起伏呼应之势。全园布局简练自然，水和石的布置手法经济有效，所以能够小中见大，并兼获得清空幽邃、平远起伏的效果。

6. 可园

东莞可园建于清咸丰六年（1856），包括两个平庭，是错列式的内庭结构。可园的布局最大特色不在于对内庭空间的处理，而是它将建筑的外景空间和建筑群的透视空间，作为庭园景物空间的主题来看待。一般庭园都是以单幢厅堂之类的建筑分散布势，连以回廊曲院，构成大小庭院的空间，但可园的建筑则集中成为几组群，在组群之间包围着两个较为开阔的内庭空间，接近小型街坊的布置。这是罕见的类型，属"连房广厦"式的庭园布局手法。

建筑分成3个组群，南部门厅组群、北部厅堂组群和西部楼阁组群，各组之间连以回廊，两个平庭则错列在这些组群的界限空间之内。每一组

可园剖立面

群都各有厅堂、楼台、廊和小院，建筑的类型不像单幢那样能够明显地辨识出来。3个组群由于都有楼，互成掎角，其间可楼为4层，凌空而起，有带领群屋之势。

从东南隅东面的园门入口，门厅之左（南）为一套厅房，有小楼曲院（原为账房）；门厅之右（北）穿过园洞门，为一开间半的客厅。客厅后侧又有上下磨圆的门洞，过此循廊转折而东至一小楼（即望街楼，越街建筑），亦是一开间半，楼上设眺台供内眷眺览街景。从客厅以至望街楼，均为一开间半建筑，曲折宛转，正是《园冶》中所谓"深奥曲折，通前达后，全在斯半间中，生出幻境也"的做法。以上是南部门厅建筑组群。

北部厅堂组群，在上述客厅朝着的平庭北面，正厅三开间，东侧附小楼曲院，有长廊沿院墙与过街楼联系。厅前有方亭，状似台，再前筑石景，为狮形壁山，拾级而登，可能至亭顶平台，这一景当地谓之"狮子上楼台"。

经门厅直出为半八角形小榭，从它的体型和环境看来，可能是原来的"擘红小榭"（《擘红小榭记》有载："粤荔之美，咸推为果中第一……可园既罗致佳品，杂植成林，乃为榭于树间"）。出榭循廊逶迤曲折至西部楼阁组群，其中包括可楼、双清室（亚字厅）、绿绮楼和可舟（船厅）等部分。

可楼高4层，从外面登楼，结合磴道、步顿和露台等，里面还有复梯可以上下，体型诡异，登临纵目，远近景色尽收眼底。《可园遗稿》中曾详细说明可园的经营和效果（"吾营可园，自喜颇得幽致，然游目不骋，盖囿于园，园之外不可得而有也……则凡远近诸山，若黄旗、莲花、南香、罗浮，以及支延蔓衍者，莫不奔赴，环立于烟树出没之中，沙鸟江帆，去来于笔砚几席之上"）。《园冶》提到的"远借"，可楼实深得其中的奥妙。双清室在可堂（上为可楼）的东侧，平面作亚字形，它的东南两面凿曲尺形的莲花池，架拱桥与石景相接（《可园遗稿》有云："双清室者，界于笪筤菡萏间，红丁碧亚，日在定香净绿中，故以名之也"）。绿绮楼窈窕幽邃，曲院暗户，上下穿插；其北为可舟，亦为两层，临园外大塘，于水中筑钓台，与外景连成一片。

综观全园，具颇多特点，在总体布置上，采取"连房广厦"包围大庭院的布局手法；建筑类型的选用也比较特别，如楼阁组群本身是"迷楼"式的建筑，空间处理以建筑外界空间和建筑群透视空间作为庭园的主要景物空间，与一般以内庭景物空间作为主景的有所不同。这些特点，说明可园受江南庭园的影响较少，具有浓郁的地方风格。岭南画派大师居巢于莞城做客长久，据说当时兴建可园亦曾参与其事。

7. 西塘（亦称洪源记花园）

樟林西塘建于清嘉庆年间（门额题嘉庆四年，即1799），面积约700㎡，包括平庭和水石两个庭，是错列式的布局。两庭之间的空间过渡不是运用建筑，而是以水石作为空间渗透。西塘的建筑完全是结合地形和利用外景，因而房屋朝西北，同时因为迷信风水关系，避忌主屋后临水域。石景东西纵向，长约20m，房屋北隅的山背作悬崖状，直接临园外水塘，从里到外三面都可以看到石山的轮廓，富于山林气氛，布局简练有效，可算是岭南庭园的佳作。

从西南面入口，穿过门廊、月洞，正对假山六角小亭，进入以花厅为主体的平庭。花厅为三开间，正间凸出"抱印亭"，照墙造型别致，在漏花之下插两支高低错立的石笋。绕庭筑矮栏，东北临溪涧，隔水为石山，作为平庭的背景，使平庭的气氛更觉自然，从而两庭的空间关系互相渗透。平庭与水石庭之间交通有三路：a.北路沿照墙绕过山溪的西北端而至山麓，临溪迤逦东行，山回路转，进入以水石为主景的东南部庭院；b.中路循花厅前廊出汉瓶式门洞，踱石板桥而至山麓，临溪怪石嶙峋，小桥流水，自成佳趣；c.南路从花厅后面出"过墙亭"至东南小院，穿过岩壁间石洞门而至六角拉长亭，乃是水石庭的东南角落。人们从分隔的室内空间出至山池水石的景物空间，会觉得豁然开朗，别有洞天，颇饶于变化。

水石庭以山溪小塘为中心，塘南为六角拉长亭，东与石景相接为楼船式的船厅，构成庭东的界限空间。塘与溪分成两级，有意识地提高塘的水位，并将亭的檐口压低，憩坐浏览，山不露顶，地台复低平水面，使人觉得山高水卑，互相衬托，深岩幽壑，意境绝妙。假山有三道石梯级，上落盘旋，有径接通船楼。船厅亦临外塘，隔水遥望，崖壁悬水面，小楼枕石间，老榕斜出，盘根附石，构图优美，正是"培山接以房廊"的处理手法。

澄海西塘（叶荣贵作）

8. 清晖园

顺德清晖园建于道光年间，面积约 3333 ㎡，在岭南庭园中算是规模较大的，属于多庭综合式的布局。园有东、西两处入口，分为东、西、中三部分。从东面入园，经门廊和一带属于平庭式布局的"过路庭"，左为"归寄庐"厅房内院，右为"笔生花馆"。馆前路庭，以"归寄庐"靠山作照墙，塑叠壁型斗洞石景，《园冶》所谓"峭壁山者，靠壁理也。借以粉壁为纸，以石为绘也"，使得"过路庭"和"归寄庐"的内院分隔开来，既为"障景"的处理，但又尚隐约相通，手法正妙。

循路庭继续西行，幽篁夹道，出"竹苑"月洞为中部庭院，有厅堂、书斋、船厅和小楼，是全园建筑的主体所在。船厅与书斋（惜阴书屋）之间隔一小池，上跨虚廊，榜曰"绿云深处"，它的功能甚为特别，是廊、是桥又是亭，小坐其中，凉风习习，六月忘暑，当地人叫这里作"过水磨"。书屋之旁北侧有小楼，设飞道沿墙曲折经"绿云深处"廊顶而至船厅二楼，有些像水埗码头的洋桥，体型特别，奇巧多趣。这一组群建筑的西南两面，基本为曲尺地形，由矮栏和漏花墙划分成 3 个平庭，设一些花台、金鱼池等，是岭南庭园平庭中常见的布置手法。平庭西南垒小岗，基石的叠砌颇浑厚，也是"平岗小坡"的做法，平日遍植桂花，上筑方亭曰"花"，登临可俯瞰西面池塘水局。

清晖园斗洞（叶荣贵作）

园的西部为水庭，是全园的主要景物空间，池作长方形，沿池绕以矮栏，周围分布各种不同类型的建筑，其中包括亭榭、书斋、厅堂、船厅和廊等，造型轻巧玲珑。这些建筑的位置与池塘的关系，看来是经过一番斟酌的，有低近水面、架空庋越的水亭水榭（"澄漪亭"），有临水而较隐藏的小斋（"碧溪草堂"），有近水的船厅，还有隔以前庭的"惜阴书屋"和高出池面的山亭（"花坑"）等，总之，形形色色，前后高低，构成一组以水塘为中心、参差错落、起伏呼应的建筑群。过去沿池东岸多植垂柳，作为水庭与平庭的过渡，构成渗透的空间，并将水廊水亭以"绿杨春院"榜之，因而更显得这部分具有自己独立的空间组织。奇亭巧榭，池馆楼台，加以花木掩映，枝影扶疏，在舒徐闲适中有雍容华丽的感觉。

总的布势上，清晖园不是直接附于宅第，而是隔一条小巷正对住宅，由正屋从西门或跨过天桥入口，因此，园的布局完全是结合使用功能来安排的。首先，通过天桥直接联系水庭，便利内眷往来和玩赏；其次，经由西门"绿潮红雾"小院，对着花亭，进入中部庭院，为主要宴会宾客之所在；最后，东部距离主屋较远，并设有独立的出入口，宜于退居静养。这些处理的方式，虽然带有封建意味，如果今天只从布局的角度来考虑问题，仍是有它的启发性。

9. 泮溪酒家

广州泮溪酒家位于荔湾湖畔，和北园酒家同为新中国成立后建筑起来的庭园酒家，是一种公共服务业的建筑。因而在布局和结构上，都和居住性质的庭园有所不同，具有它本身经营管理的特点，如选点要求接近风景名胜，又要求交通便利、靠近马路。在平面交通组织和布置上，要适应大量人流的要求，但是局部处理又要适当有一些起伏回曲的局势。建筑设计既要合乎使用功能，亦要考虑作为景物空间构成的一部分。至于建筑内容，主要分营业和生产两部分，附带一些管理办公的地方。客座分为厅堂、散座、房座和接待贵宾专用的厅房等。

　　全园布局由两组串列的园庭综合而成，有 3 个平庭和 1 个水石庭。从东面进入门厅至对朝厅（宴客大厅），中间为一平庭，略有水石点缀，以绿茵和桂花为主要景物。庭西为水石庭，两庭之间以桥廊约束空间。水石庭开池架山，借以扩大空间，壁山负楼构筑，结合梯廊（爬山廊）建"山楼"。楼为曲尺形，西面可俯瞰荔湾湖，是最好的借景处所。全庭为山池局，空间组起伏盘旋，颇具自然佳趣。北院是内庭布局，运用回廊曲院，层次深远，曲折幽邃。

泮溪酒家水石庭（许哲瑶作）

五、岭南庭园建筑特点

　　庭园建筑，要求具有轻巧的体型、明快的格局、通透开朗且活泼多姿的造型，而其细部处理，实为关键。

　　岭南由于气候温和，建筑手工艺特别发达，取材范围也较广泛（包括地方及进口材料等），并因生活习惯的要求、传统艺术和爱好等条件，反映在庭园建筑上，如建筑类型的运用、平（立）面的形式、色彩调度、装修处理以及结构装饰等方面，都具有鲜明的地方风格。

1. 建筑类型

在建筑类型的运用上，岭南庭园表现的最大特色有下列几方面。

（1）**综合类型的创造**。岭南庭园规模较小，建筑组成比较简单，因此，建筑类型要求特别简练，而又配置得体，功能和目的性明确。西塘整个庭园建筑仅由一厅、一楼和两亭构成，但主从有序，内外协调。例如，船厅是舫屋和楼厅几种类型的综合体，它的平面是舫，主面则像楼，而用途又类似厅。在小型庭园中只要运用一幢船厅，便可兼有楼厅之用和船舫之趣。又如，以轻巧的花厅代替厅堂，从位置和功能上来说，它是庭园的主体，在体型上则接近斋馆一类的小型建筑，但较为轩敞，装修亦特别精巧华丽，与斋馆简朴明净的风格有所不同。

（2）**外来类型的吸收**。岭南地区由于地理环境关系，接触外来事物较早，在庭园建筑方面也受一些外来的影响，如广州逢源北街的庭园，穿过一座西洋古典式水阁，然后沿山溪小径逶迤登假山，造型简朴，与水石景亦颇协调。潮州饶宅秋园的"云棲轩"及潮阳西园的水楼和花厅，都是用平顶结构来处理的。

（3）**罕见的建筑类型**。岭南庭园建筑实例中有些类型的运用，在国内实属少见。如高达4层的可楼（东莞可园）、深入潭中的水窟（潮阳西园的水晶宫）、"迷楼"式的楼房组群（可园的绿绮楼、可舟、可楼等整个楼群组），亦有翘然独立、轻巧玲珑的"仙楼"式小楼（大良八闸某宅内庭的小楼）等。其余如可园内各种形式的台、西园的洞房及螺旋梯等，均为不常见的庭园建筑类型。

2. 平面与立面

庭园建筑的平面布置，普遍是将厅堂楼馆和走廊结合起来处理，广州所谓"前后走廊"，亦即《园冶》中"前添敞卷，后进余轩"的做法。走廊不仅是联系交通的廊道，同时还解决了南方建筑对气候上实用的需要。一些厅堂之类的建筑，若没有前廊作为空间过渡时，敞口厅会过于暴露，阳光和辐射会使人觉得眩耀而不安静。夏雨季节，不关窗户就进雨水，关上又感到闷热，有了走廊，不仅这些问题得到解决，而且建筑的造型也轻快通敞。潮州一带的庭园，贴着厅堂正间的前走廊凸出一座开敞的"抱印亭"，如潮州饶宅花园的花厅、半园的花厅、樟林西塘的花厅

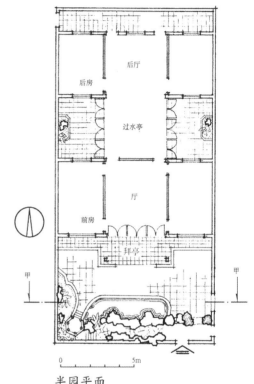

半园平面

半园剖面（甲—甲）

等，都是采用这种平面处理。另外，有些贴着厅后面凸出一座"过墙亭"，作为后园的空间过渡（潮州城南书庄），这些做法，正是"前卷后轩"进一步的发展。有了前后廊的掩护，便有条件采用敞口厅，运用玲珑通透的木雕、纤巧精致的装修，如到脚屏门、漏花窗、花罩和通透的分隔等，使内外空间互相渗透，内外景色掩映可窥，构成岭南庭园建筑绮丽轻巧的立面。

屋面构造，除了厅堂一般用硬山、小亭部分用攒尖外，其余大多数屋面都是用歇山顶。歇山做法与北方的有些不同，它是在人字屋面的山墙上加单挑出檐构成歇山的形式，因而出檐较浅，结构简单，山面较凸而有陡峻的感觉。由于这种歇山顶构造简易，所以采用范围广泛，从楼阁以至山亭小榭，应用于方形的平面，即八角或六角形平面都一样采用（余荫山房的水厅、西塘的六角拉长亭）。

3. 建筑色调

庭园建筑色调以淡雅素净为主，避免眩耀及激动的颜色，尽量运用材料原色，以取得良好质感和真实耐用的感觉为原则。承重外墙一般用蟹青色水磨光砖，衬以花岗或红砂石脚线，色调沉实典雅；混水墙则很少直接暴露，可能由于阳光过于炫目；漆饰主要用山漆原色（黑或荔枝核色），避免大红大绿的色彩。

为使建筑色调雅淡而不沉重，娴静又活泼，在局部墙面的细部，或就整个建筑体量上，运用色彩的对比变化来取得活泼多彩的效果。例如，在一幅水磨砖墙上开一个八角或圆形小窗，缀以彩色玻璃，或者正间全部用木装修、偏间墙面则用水磨砖墙，使透明的彩色光泽与素雅的蟹青砖色互相衬托对比，有浓有淡，有虚有实，沉实中显活泼，素静中见华丽。在立面的上下部位，也经常运用不同的材料，如可园的绿绮楼二层前廊用木柱、底层柱则用红砂石，巧妙地利用不同材料颜色和质感来取得对比的效果。

岭南庭园建筑色调，不仅限于材料质感和颜色分量对比的关系上具有其特色，另外还有"园景套色"的手法。建筑色调不只限于静止的漆饰，或者材料颜色，透过不同的套色玻璃，可以看到同一楼台园景的色调瞬息多变。由于套色玻璃的运用，在不同角度，透过不同颜色的玻璃背光，显出不同的色彩，建筑和园景的色调随着人们的移动而有所变幻。例如，当园中白日晴天之际，从户外踱入室内，透过蓝色玻璃窗回望，会觉得室外正是雨雪重阴，而不是刚才在园中所领略到的风和日暖，这必然会在感觉上发生突然的变化。不仅室内外之间色感关系有所不同，即使在一室之内，透过不同颜色玻璃，也会觉得园景的色调不断在变幻（邱园"绛雪楼"题咏，不少是描写彩色玻璃的意境，"招得紫云片，来嵌绛雪楼。朝晖看万变，霁月散千愁。绚烂新裁锦，聪明净涤瓯。文心传曲曲，倚遍画阑收"）。同是一个园景，当冬季寒风凛冽之时，透过套红玻璃看去，好像正在阳光照耀之下，使人觉得煦和燠暖；相反的，在炎暑夏日中，透过蓝、绿色玻璃，会有飒飒生寒之感（郭沫若对泮溪酒家的题咏，有"隔窗堆出南天雪"，正是指此中境界）。这种动态和多变的"园景套色"手法，是岭南庭园建筑在色彩运用上颇有特色之处。

4.结构与装饰

为使建筑更丰富多彩，结构部位往往加以雕琢装饰，这样既可增加表面的观赏趣味，又能和实用需要的内容统一起来，是耐人寻味的细节。常见的结构细部装饰有如下几种。

（1）**拱架**。走廊步架一般不用重柱托梁，而是采用图案化的拱架，做法有下列几种。

1）卷草架。主要用于卷棚屋顶，以卷草拱架来承担正心桁内的4根桁条，卷草的图案，须根据桁条的位置需要而定，余荫山房长廊的拱架就是这种图案。卷草图案活泼柔和，富于装饰趣味。

2）博古架。卷棚或单斜（一页洒）屋面均可应用，它的构图也是按桁条位置来处理，群星草堂走廊拱架有卷棚和一页洒两种做法。潮州廊下喜用"方屈"（即博古拱架），在镂空位饰以虾蟹、狮子、花果等通雕，或仿竹头雕饰，富于地方色彩。

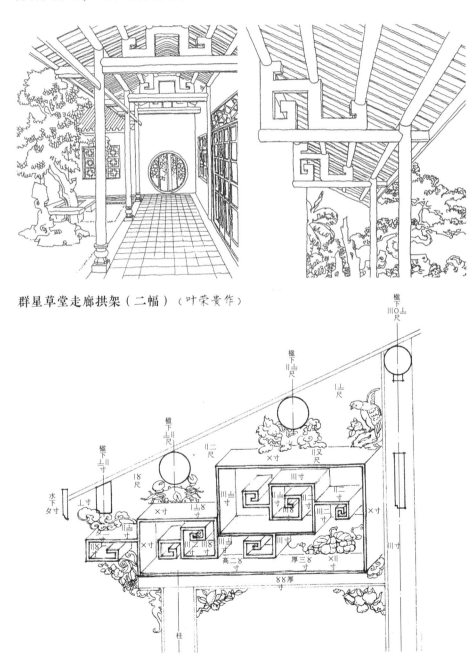

群星草堂走廊拱架（二幅）（叶荣贵作）

潮州拱架——前厅廊下"方屈"

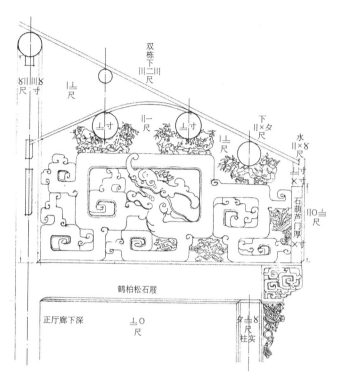

双栋下二川
川二川尺
八川川8尺寸
上一尺
川寸
二一尺
川寸
上一尺
下×夕二
水×尺八二
寸川×尺
石葫芦门厚×寸
川0二尺
鹤柏松石屐
正厅廊下深
上0尺
夕一尺
三尺
八尺
柱实

潮州拱架——拜亭

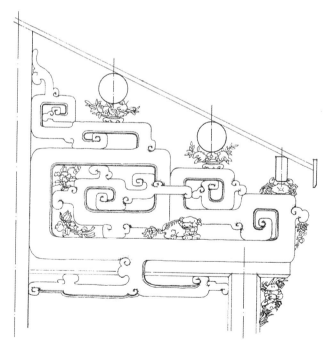

潮州拱架——前厅廊下

3）拱板架。余荫山房及清晖园都有采用，基本上是博古形式，但构图密实，空位地方也刻一些瓜果雕饰。

（2）攒角。广州对雀替、花芽子、湾门和撑拱等没有详细的区分，不论什么地方，在两个构件直角相交之处，镶有三角形的木刻时，统称为"攒角"，即在角的部位加以填充迫紧的意思。用于梁柱或者挑枋和柱之间的"攒角"，虽然只是一块小零件，但由于它比例恰当、构图多样和雕刻精致，使原来直角呆板的空间有柔和的感觉，简单乏味的梁架结构变得活泼有趣，形成装饰和结构合为一体。从实例所见的攒角有夔龙、博古、卷草（如西番莲）、流云、瓜果等构图。

（3）挑枋。凡伸出挑承重量的构件，广州叫作"挖鸡"，潮州称为"屐仔"，两地读音相近而义同。挑枋外端往往刻夔龙、博古等简单浮雕，如清晖园及可园等处所见。潮州建筑喜欢在这里作重点装饰处理，缀以纤巧的通雕，题材极为有趣，富于地方风味。最常见有博古花、龙头、竹头龙，这些木雕剔透玲珑，全部贴金，富丽夺目，是有名的潮州木刻工艺之一部分。

广州一带的硬山结构，一般用榫头逐级起线挑出，但清晖园所见则仍用挑枋。博缝由于用挑枋的关系，在山墙一般用灰塑，挑枋则用木板，做法很特别。

（4）吊柱。潮州的出檐，普遍在挑枋下面用吊柱，吊柱下端以木刻垂花作为重点装饰。当其运用于六角或八角亭檐下时，看去像是绕着一围围垂花，甚为别致美观。

5. 出檐构造

岭南庭园建筑的出檐及翼角做法、造型和结构都具有独到之处，简易又轻巧，为南方建筑风格特征之一。

（1）出檐。一般用桷子单挑出檐结构，间或亦有用硬檐的单挑出檐做法，而广州做法又与潮州做法有所不同。

1）**广州的出檐做法。**由柱挑出的"挖鸡"（挑枋）多为硬挑，山墙挑出的则多用软挑。挑枋上面承水桴（挑梁），水桴中线距离柱中或墙中60～65cm，由水桴按1/4跨径斜度上引至柱中的二桴（正心桁），如承重结构非木柱而是砖墙时，则二桴要露出墙外一大半，承托在挑枋的托板上，外墙面在二桴底收口。水桴上面为桷子，厚2.5～3cm，伸出水桴外缘5～8cm，桷之上为飞桷（亦称飞唇）。飞桷的作用类似飞椽，由于桷的厚度有限，挑出不能过多，为使出檐可以深远一些，利用飞桷挑出，是广州一带出檐处理的特点。

飞桷造型由两个反曲面做成，往下修削成蝴蝶尖，有点儿像猪鼻，颇为别致，广州人称它为"猪鼻云"。飞桷伸出封檐板外10～30cm，后面则在水桴和二桴之处钉固，挑出的长度没有规定，主要看出檐的造型要求及与庭园空间环境的结合。例如，可园的可楼和绿绮楼，挑出均在30cm以上，因为是高楼杰阁，空间限制不大，多挑出一些，更能遮蔽风雨，造型也更窈窕轻快。至于道生园的"问花小榭"，甚至没有用飞桷，主要是院子太小，出檐过多，反而使院子的空间拥塞。飞桷外缘以小木条连起之后，就可以在桷子上面铺盖板瓦和做辘筒，檐口滴水（勾滴）一般挑出飞桷5～8cm，总的出檐为70～100cm。

2）**潮州的出檐做法。**由于所用桷子较厚（4～5cm），直接挑出水桴外约50cm，不再采用飞桷，做法有些和西南地区的单挑出檐类似，水桴由"展仔"（插拱）承托，插拱之下则用名副其实的撑拱，而不是所谓"攒角"。

3）**硬檐做法。**在没有前卷的两厢墙面或临街外墙，很多采用硬檐做法。硬檐牢固、耐风雨，南方居民喜于运用。由于挑出很少，一般在檐下作一些重点装饰来弥补出檐过浅和外形局促的缺点。檐下装饰有几种处理方式：a. 分级挑出水磨砖线，结合水磨砖墙处理，做法简洁清雅；b. 塑莲瓣图案（又称莲花托）；c. 塑浮雕花鸟或山水人物横幅；d. 做花鸟人物的贴窑，一般为托底做法，但亦有贴平瓷的。前三种为广州地区的做法，后一种流行于潮州一带。

（2）**翼角**。翼角的构造比较简单，外形柔和平易，既不过于厚重，也不那么纤巧，是间于北方角科和江南出戗的一种造型。做法有翼角平出和翼角斜出两种，前者为广州的做法，后者流行于潮州。

1）翼角平出。

①起翘。由角梁和枕头木构成，角梁没有老角梁和仔角梁之分，但从可园的可楼和道生园的楼厅所见，角梁的下椽做成两级，这也许是老角梁与仔角梁做法的一种残迹。起翘的效果是否有凌空向上、"如鸟斯翼"之势，要看角梁下缘曲线和它的位置关系。角梁下缘曲线有四点位置是很重要的：a.角梁的外端点；b.角梁的下缘最低点；c.和水桴的交叉点；d.角梁的内端点。

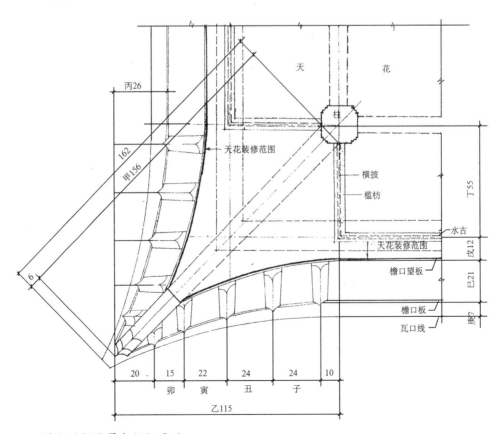

道生园船楼翼角仰视平面

从实例来看，角梁下缘底约低于水桁交叉点9.5～11cm，由下缘底至外端点翘起12～36cm，内端点则放在二桁交叉点上。枕头木的高度与该处的角梁上缘平，长度则大约斜至挑枋附近或稍过一些。从可园和道生园的实例看来，内端点放在二桁交叉点上的做法，造型简洁柔和，具有南方翼角的特点，但这种做法的角梁弯度较大，需要尺寸较大的木材。新建的泮溪和南园酒家的翼角，将角梁内端点插入二桁的交叉点内，下缘底和水桁的交叉点平，缘底至外端点翘起为47cm。这样做法，角梁的弯度小些，用材较为经济，翘起的效果也还好，为了节约木材，是有意义的尝试。

②出翘。将角梁当中一段出檐特别往外伸出，由挑枋附近起至角梁外端，逐渐增加出翘的尺寸，构成檐口为一条往外舒展的优美曲线。封檐板也大致沿着曲线收束在角梁外端第二飞椽之处。从实例所见，屋角至角梁外端的长度为1.56～2.10m，看造型的需要而定，出翘尺寸为8～28cm。

③翼角的飞椽。只有在挑枋部位的飞椽是钉在水桁和二桁上，其余愈往角梁外端排列的就愈短，接近外端的三两根飞椽则仅钉固在角梁上，长度亦仅为12～15cm。飞椽的分位从挑梁附近的部位开始至角梁外端，间距逐渐收小。

2）翼角斜出。这是介于翼角斜出椽和翼角平出椽中间的一种做法，仅见于潮州一带。翼角不用角梁，而是由一块大型椽板来代替，见樟林西塘六角拉长亭的实例。

①起翘。由翼角椽板翘起和水桁往下弯曲所构成，椽板翘起不多，约比水桁交叉点高9cm。为了增加翘起之势，将整条水桁做成弓弦状向下微弯，中点最低，交叉点最高，两点高差约14cm，加上述9cm，从外表来看，翼角比出檐最低处起翘23cm。这种起翘的做法，不仅由翼角椽板翘起，同时亦由水桁的下弯高低差相加而成，颇为特别。

②出翘。翼角椽板由柱中往外伸出约为1.80m，而出檐由柱中起计约1.24m，出翘仅5cm左右，实际几乎看不到出翘的效果。

六、建筑类型分论

庭园中的建筑，由于要满足不同实用要求，须运用多种多样的建筑形式，如厅堂适宜群众性活动、楼阁高台适宜登临远眺、斋馆曲院适宜息处燕居、亭榭适宜憩息赏景、游廊适宜徘徊浏览等。总之，庭园里的生活形式多样，建筑的功能也就不同，不同的功能须有不同的建筑类型，而每一种类型都有它独特的造型及处理，构成起伏变化、丰富多彩的建筑空间。在不同的建筑环境中，要有不同的位置经营和环境衬托，现就几种常见建筑类型分述于后。

1. 厅堂

厅堂是庭园建筑群的主体，在规模较小的庭园里，如群星草堂和西塘等，厅堂只是一座三开间的建筑；规模较大一些的庭园，则往往是一组群的厅堂，包括主厅和对朝厅，构成一个独立的院子，如泮溪酒家的大厅、对朝厅和门厅所构成的内院。

（1）**空间与环境**。厅堂一般布置在庭园入口处和园内主景之间，在接触主景之前，先通过厅堂作为整个庭园的过渡空间。人们首先经过整齐华丽的厅堂建筑，然后进入富于自然气息的园景中心，加强不同意境的对比，从建筑空间过渡到自然空间，这会感到局面豁然开朗，心旷神怡。

除了主厅可能有自己独立的院子外，次要的小厅一般和园景结合起来，在空间组织上起着空间界限和风景构图作用，如西园的花厅，是作为两个串列式院子的过渡空间；余荫山房的对朝厅，则作为前后庭的空间分隔处理。主厅的方向以朝南为主，《园冶》有说："凡园圃立基，定厅堂为主。先乎取景，妙在朝南"，不过有时由于地形布局关系，也有例外的，如西塘的厅堂就是坐南向北，但在厅堂的背面两侧留小院子，南北可以对流通风，这种前庭后院的平面处理，潮州一带称"大厝书斋建"。

庭园中的主要大厅，一般结合平庭来布局，强调建筑空间的工整华丽，作为进入庭园主景的前奏。亦有结合水庭布置主厅的，如余荫山房的主厅和倒朝厅；主厅本身结合水庭构成庭园主景，这和上述厅堂建筑作为进入庭园主景的过渡空间，其所起作用是有区别的。

（2）**建筑造型**。厅堂平面一般为长方形，尤其是主要的大厅堂，但也有一些次要的小厅，采用其他形状的平面，如可园的亚字厅（双清室）；余荫山房的八角水厅；西塘的花厅前有"抱印亭"，后有"过墙亭"，构成十字形的平面；而西园的船厅，则由于地形关系作梯形。厅堂立面造型，一般要求"宏敞精丽"，有如《扬州画舫录》描述"荷蒲熏风"之怡性堂"栋宇轩豁，金铺玉锁，前厂后荫"的境界。常见的花厅以三开间为主，如余荫山房的主厅，正间用敞口厅做法，偏间用套色玻璃满洲窗、金钱通花窗栏；室内装修全部是檀香木拉花碧纱橱及满洲窗，通透轻快，是典型的花厅建筑。

2. 船厅

旧制舫或船房是三开间狭长形建筑，临流越水，靠山开门，小巧通透，有所谓"三间屋敞于船"之说，人坐其中，有泛舟湖上的感觉。岭南庭园在舫的基础上发展为"船厅"。所谓船厅，一般是指舫屋、船房、船楼的统称，其特点是以二层的"楼船式"占多数，也不一定是靠山开门。

（1）**空间与环境**。船厅一般沿庭园边界建筑，构成园景的空间界限，有些园外便是邻屋或街道，无景可借，只起内外空间的分隔作用。有些与邻园相接，如清晖园的船厅背后临楚香园，互相借景。另外有些园外是一片水面，如西塘和可园的船厅外临大塘，荔香园（已毁）及小画舫斋的船厅则沿小涌，从远看好像舸舫轻浮水面，使得内外景色由船厅联系起来。船厅布置于园景之内的，如群星草堂船厅，设计在水庭与平庭之间，作为两庭的过渡空间。船厅的建筑环境，顾名思义，最好是临水建筑，如上述各园的船厅均属这一类。但亦有些船厅结合平庭建筑，水面不多，或者只是在"靠山"附近有些象征性的水面；有些甚至根本没有与水结合，如广州西关某宅的船厅，只是作一种建筑类型而存在，与旱船类似。另外有些寺观庭园的船厅，如西樵山白云洞的"一棹入云深"和广州萝峰寺的船厅，它们的特点是不靠水而临崖。白云洞船厅从题匾"一棹入云深"看来，显然设计的意图是在深谷中，烟云拥舞，狭长的船厅以云为水，好像在云天泛棹，引起人们有天外仙舟的幻想。

（2）**建筑造型**。从实例所见，船厅大概可以分为船房、舫屋和船楼三种。

1）**船房**。为狭长形的平屋，如白云洞的"一棹入云深"（现已扩建）就是这种形式。由于是临崖建筑，后面为山庭，为了不影响楼亭的视线，建平房式船房是比较适宜的。船厅周围绕以卷棚走廊，翼角高翘，有点儿像蝴蝶厅的做法，在岭南庭园中为例不多。

2）**舫屋**。群星草堂的船厅是这一类形式，前为平屋，后截有楼，比较像一艘画舫。但其不是靠山开门，外形又甚为简朴，且不事雕琢，有横塘废宅、横出水中的意境。

3）**船楼**。船楼是岭南庭园中最常用的形式，造型基本上是楼，但平面和建筑环境又属舫，而功能则是供宾客宴会，有点儿像厅。在一些没有楼和舫或厅堂不够轩敞的庭园中，如清晖园就是以船厅作为最突出的建筑来处理，装修细部特别精丽，同时也起着楼、舫和厅几种作用。

实例所见的船楼，楼上大都虚前作台，其平面有几种不同的处理：a.清晖园的船厅和可园的"可舟"，楼梯与船厅不连在一起，可舟是经过曲折的走廊与梯屋连接，清晖园船厅（高冠全园，位于园景中心地带，装修精美，体型轻巧，是岭南船厅中比较典型的例子）的体型最奇特，在船楼之后有独立的小梯屋，与船楼不直接相通，登小楼后要经过室外曲折的飞道才能到达船厅二楼，形成一组非楼非阁的建筑；b.小画舫斋船厅的楼梯设在建筑物内，进深和体型较大，二楼临台可以浏览荔湾湖景物；c.西塘的船厅基本上是单幢建筑，西端接假山，东连平台，梯间在平台与船厅之间，和船厅半分半合，二楼正开间临水一面凸出干阑式的"过墙亭"，形成凸字形的平面。

3. 楼阁

楼阁在庭园中的作用，主要是供登临眺望和游憩活动，同时构成高低起落的轮廓，飞楼杰阁的景观，既解决实用需要，亦增加庭园景色。

（1）**空间与环境**。楼阁在空间结构中，主要是庭园建筑群的制高点，一方面扩大庭园的空间范围，另一方面补充地形起伏之不足，且多数建在园内外分界的地方，作为园景的空间界限。当园外有景可借时，它又是园内外景色的过渡空间，从它的环境衬托中可分为几种处理形式。

1）**平庭的楼阁**。如可园等庭园，一般放在厅堂建筑群之后，这是由于前低后高的关系，《园治》有说："依次定在厅堂之后"。但新建北园酒家的主楼，由于兼为大厅及更符合群众使用的要求，便放在进口和庭园主景之间，作为过渡性的建筑空间。

2）**临水建楼**。要有较为开阔的水面，否则便显楼大水小，局面局促。新会城圭峰招待所的主楼是临水建筑，沿湖一面设厅廊亭台等，起伏虚实，衬托得宜，并有部分超越水面。这座楼位于平庭与水局的分界处，作为两个庭的过渡空间。

3）**楼阁与水石景结合**。这种处理形式的特点是运用石景空间和建筑空间相结合，使人以为楼的一层是建在山上，它在水石间有几种不同的空间结构。

①接山临水。西塘的船楼西面紧靠假山，接着蜿蜒而来的石壁，楼层好像建在山石上面，从北面看来又好像倚石建筑，超越水面。

②隔水对山。西园的船厅和水楼临潭建筑，对岸壁山沿潭南绕与小楼相接，层层有洞房可通，石景的空间与室内空间互相渗透，从山洞进入内室，是楼是山，有点儿迷离，难于分辨。

③依山面水。泮溪酒家的壁山负楼，假山在楼的前面，底层给石景掩映堆叠，隔水仰望，楼层恰像建在崖壁之上，从石梯登楼，又似是登山。

4）**山楼**。与临水建楼的情况恰恰相反，它是结合山庭建筑，如白云洞山庭的小楼，将垂直坡势分成三级，逐级建筑，上下相接，远望有"层阁重楼"的气派。

（2）**建筑造型**。楼阁的造型除船楼外，还有下列几种形式。

1）**单幢式的楼**。结合使用性质可分为如下几类。

①重屋式厅堂。为两层楼的厅堂，适宜群众性的使用要求，上下布置与厅堂一样。如北园酒家主楼是采用"三间两夹"的平面，双层前廊，室内装修也采用厅堂"宏敞精丽"的调子。

②斋馆式小楼。一般结合内庭小庭或水石景，体型小巧玲珑，"狭而修曲曰楼"，所指的是这一类，如可园的绿绮楼、西园的水楼、道生园的小楼。道生园小楼临池一面两开间有前卷，为敞口厅，另一开间后退，虚前形成一段曲廊，并设有美人靠，上面装置活动木百叶窗作遮阳处理，外形轻快活泼，装修简洁清雅，平面既不对称，造型又不落俗套。

③望楼。形体高峻，为登临眺远的最佳处，东莞可园的可楼属于这一类。

2）**组群式的"迷楼"**。庭园楼阁以单幢式的较普遍，成组群而就平地建筑的实例则少见。《扬州画舫录》"四桥烟雨"中对澄碧堂和光霁堂有过这样的描述："广州十三行有澄碧堂，其制皆以连房广厦，蔽日透月为工，是堂效其制"。庭园建筑中所谓"连房广厦"组群式的楼房，很可能当时是受外来的影响。可园的楼阁组群，在庭园建筑中是国内罕见的体型。它是由可楼、绿绮楼和可舟等组成，包括有4层高矗的望楼、窈窕幽邃的小楼、明快通敞的船楼，构成全园空间结构的主体。

屋面结构以歇山为主，局部用硬山或悬山，因楼阁高度不同，檐上下重叠，楼台曲折蜿蜒，檐角纵横回抱，从远处看望，每一个角度都是美丽的建筑画面。不仅造型丰富多彩，登楼的处理手法也是形式多样，其中有复梯、蹬道、步顿及梯屋等。如可楼沿复梯登楼便是楼，由磴道登楼又像阁，形成非楼非阁的做法；步顿登楼见园景，由复梯下楼至暗室，和刚才所见又大异其趣，使人觉得环境多变；由步顿登绿绮楼，逶迤至可舟，不见下楼处所，要经过转折的廊道才入梯屋，下楼至另一内院。楼上、楼下穿插许多大小内院曲室，套房暗户，门户过百，使人仿佛知上而不知下，知进而不知出，诡异非常，出人意料。

4.台

台是属于登临眺望一类的建筑，至于钓台、兰台则结合实用的意义较突出。旧籍中关于园林筑台的记载颇多，但实物遗例少见，现仅可园有几种。

（1）**与建筑结合的露台**。在一组群的楼阁中，配合磴道、步顿，扩宽为露台（亦称平台），远望楼阁重重叠叠，好像建于台上。

（2）**眺台**。在望街楼前，跨过街道建筑，便于浏览街前景物，《园冶》之所谓"楼阁前出一步而敞者"。

（3）**与石景结合之亭台**。台在石景之前，是"木架高而版平无屋"的做法，下面作为观山的处所，上为平台，登临须绕假山梯径，壁山作狮子形，这一组石景被当地人叫作"狮子上楼台"。

（4）**兰台**。这是为了绿化作用的一座"掇石而高上平"的台，高仅1m左右，绕台砌花基，置盆兰于上。

（5）**钓台**。在可舟的背后，出至塘中筑钓台（已毁），上建小屋，缀以花木，作为可园与外景的联系，互相资借。

5.亭榭

厅堂楼馆，与人们日常生活关系比较密切，庭园中固然运用，宅第民居一般也少不了。至于"奇亭巧榭"，基本上是观赏性建筑，功能以停憩游览为主，同时本身也应是很好的欣赏对象，因此在布局及造型上，要和周围环境相配合，有机地联系起来。在实用方面，亭和榭的功能要求基本一致，所不同的是艺术境界、装修处理、建筑环境等方面有些差别。亭的位置选择可以随便一些，环境多开朗；榭则要求比较隐藏，所谓"花间隐榭"，意境所在，全凭一个"隐"字。亭一般都是开敞的，榭则借外檐装修多为封闭形式。

（1）**空间与环境**。庭园中的亭榭体量较小，对空间结构上的分隔、约束、过渡等作用不太显著，更不会成为园景的空间界限。它只是构成一种标志性的建筑空间，吸引人们对其存在或所在环境予以瞩目注意。例如，在山顶建亭，是为了突出所在地势的高峻特点，以获得相得益彰的效果；临水建榭或水上筑亭，是为了突破水平面，扩大空间的起伏对比，这都标志着亭榭因存在而起的作用。在不同的建筑环境中，就会有不同的空间结构关系，以及布局的目的性。

1）平庭中亭榭。一般位于接近主要厅房的地方，人们可以方便地出入亭榭，将部分生活挪至园中之意，既便于浏览，又可处理家常，是休憩而兼操作的好处所。群星草堂距花厅前面约5m之处，建有方亭一座（已毁），亭的四周绕植几丛棕竹灌木，缀以散石，互相掩映衬托。亭的主要作用，应以起居休憩和欣赏附近的湖石花木为主。潮州庭园花厅前面的"抱印亭"和后面的"过墙亭"，基本上也是这类性质的建筑。

平庭也有以亭作为主体建筑的，如花地杏林庄的"竹亭烟雨"，整个平庭遍植崖州竹，因隔建亭，布局有翠筠茂密的境界。平庭建榭，以道生园的"问花小榭"为最精雅，榭与书斋结合在一起，设壁橱式八角门洞相通；斋与榭隔墙相背，墙后为斋，可通别院；墙前为榭，与对朝厅及左右修廊构成幽静的小院。"花间隐榭"，正是此中境界。

2）水庭中亭榭。在微波荡漾的水面上，屹立着体态轻盈的亭榭，通过平面与立体的组织，花木及山石的陪衬，菱荷与游鱼的点缀，构成活泼而和谐的空间，波光水影，潇洒清幽。其布置手法有如下几种。

①临水亭榭。平面布置上要打破池岸原有轮廓，突出池岸修筑。《园冶》所谓"亭台突池沼而参差"，艺术效果如何，在于"参差"是否得法。临小水局面建单座亭榭时，如北园东厅凸出的小榭，要考虑到左右绿化配置，使花木空间和亭榭空间有掩映参差之势。较大的水局，如清晖园的方塘，临水有一亭、一斋和一榭，其中亭和榭凸出池岸，斋则后退，凸出和凹入参差交错；亭榭凸出的位置，布置在方塘彼此垂直的两岸，而不是放在同一或者相对的池岸，避免对称及排偶；加以亭畔古劲的水松、斋旁苍老的龙眼，更显得建筑与树木掩映参差，构图优美。六角亭用攒尖，造型轻巧

突出；小斋为硬山结构，位于池塘转角处，较为隐蔽深藏；水榭为水局的主要建筑，歇山翘角，两旁由水廊陪衬，缀以木雕漏花，从而增加水榭的面阔，潇洒明快，有舒徐雍容的姿态。三幢建筑造型各有变化，但有主次和整体性，是临水亭榭组群成功之作。

②"湖心亭"。水中建亭，或支架，或就小岛修筑，如馥荫园、唐荔园、邱园和楚香园等，均有湖心亭这一类的处理，但应注意和其他临水建筑的整体关系，起呼应作用。楚香园在同一池岸边上，与水榭平行出一曲桥接湖心亭，当人们踱桥之际，不是前亭后榭，就是前榭后亭，这个位置经营缺乏联系与呼应。

③桥亭。庭园中的桥，由于水面有限，规模较小，因此桥上建亭，一般不是为了实用，而是增加园中景观，丰富空间层次，同时也起约束和对比作用。例如，余荫山房的桥上建小亭，与堤上长廊相接，即这一类的桥亭。

临水亭榭，除了有组织水面空间、互成对景等作用外，更重要的是给人们以特殊的停憩浏览环境，创造"水局清旷，阔人襟怀"的局面。亭榭临水，可以赏莲菱，可以观鱼鸟，还可以对着波光云影寻味"池塘倒影""清池涵月""湖光潋滟"的意境，给人无限幽雅的感受。

3）亭榭与水石庭。 水石庭中的亭榭，一般位于溪边水次、树旁石间，作为山石之"麓"，衬托出石高而亭低的境界。

①对景的亭。在潮州的小庭园中，就溪畔石旁建小亭，由于园子小，水石景范围不大，亭的体量也较小，仅容两人促膝对坐，因此这些亭的作用，主要是作为观赏的对景。

②"景位"的亭榭。如西塘的六角拉长亭，作用是引导人们坐在那里观赏壁山；泮溪酒家的水榭，西面也是对着壁山。这种亭榭的位置经营，有它们一套技巧：建在山石之"麓"，临溪越地，并须低接水面，望山不见顶，则愈显得山势高峻，峭削奇拔。

4）山亭。 主要供人登临眺望，调换赏景的角度，一般位于山石高处，亦有强调地势高峻之意。视野范围的大小，关键在于整体布局、庭园空间的大小和所在地的标高，总之不要过于局促。清晖园的花亭建在土阜山石之上，和方塘水榭对峙，一在山巅，一临水末，有意识地强调山势之高；白云洞山庭的"唾绿亭"，建于崖下坡顶幽篁中，与山下船厅互相呼应。

（2）**亭的造型**。庭园中的亭，由于院子不大，一般体量较小，成组的亭尚未发现。平面以四方、六角、八角、六角拉长等为多；孖亭有清风园的六角孖亭，半亭有可园的半八角（"擘红小榭"），余荫山房的半园亭等形式。较少见的有汕头中山公园的三角亭（"梅亭"），和广州西关某宅的半八角两层"阁亭"（已拆迁）。亭的屋面以攒尖式较普遍，清晖园的亭是伞式结构的攒尖，结构装饰和外形比例都甚为精美。亭顶的形式也很别致，不是一般葫芦或宝珠之类，而是用方形柱体，在白色的边框里砌以红色的筒瓦花样，体型不落俗套。潮州的攒尖亭多数用扒梁构造，梁底用天花封闭。采用歇山构亭的例子也很多，其中以西塘的六角拉长亭最为突出。亭一般为单檐结构，但潮州一带的亭则无论大小，都喜用重檐式屋顶。

6. 廊

廊原来只是建筑的附属部分，随着造园的发展，利用了它狭而修长的特点，是庭园重要组成部分之一，构成园景空间界限，并成为处理空间结构最为有效的手段。廊的布置，通常随着庭园的游行路线有意识地结合地形，所谓"随形而弯，依势而曲"，将园中不同景物组织起来。由于廊和园景结合密切，因而本身也是时隐时现，忽上忽下，穿插于水石花木之间而成为园景的一部分。

（1）**廊与庭园空间结构**。主要起着空间的分隔、过渡和约束等作用。

1）**空间隔断**。将廊布置在院墙内外分隔处，倚墙修筑，使院墙不致直白暴露，庭园边界有一定的深度。如可园的内外区分，差不多全是用走廊来隔断。

2）**空间过渡**。厅堂的前卷，即前出步廊，是从室内到庭园的过渡空间。

3）**空间约束**。在两个相邻的庭中，设有院墙、石山等遮隔，亦无其他开朗的厅堂作过渡，运用走廊适当地收束一下过于开敞的空间，构成两个庭院之间的空间界限，有如套厅之间的飞罩一样，是一种象征性的空间分隔手段。

（2）**廊的关系与建筑环境**。结合平庭、水庭和水石景等，廊可分为以下几种类型。

1）**平庭的廊**。主要与建筑连接，在建筑之间穿插，划分平庭的空间。由于平庭地势没什么起伏，它的布置要在平易中求变化，直中有曲，暗中有明，强调对比，才能使景色多变，步移景换，引人入胜。泮溪酒家的北院是以楼、亭和廊构成的平庭，有联系建筑的虚廊，有前出的步廊，有划分小院的曲廊。窗膛门洞沿着曲廊构成大小框景，使得回廊曲院掩映可窥。廊在这里起着划分大小院子空间的作用，组织园景。为了结合人流活动和新的使用要求，廊在此处的体量相应增大。

2）**水庭的廊**。水庭中的廊，在不同的位置上可以分为下列几种。

①临水建廊。清晖园方塘西北两面，沿池岸靠墙建廊，逶迤临水，增加水局空间的深远和起伏感觉。

②水间建廊。余荫山房在两水局之间筑堤，堤上建廊与桥亭相接，廊在这里构成水庭之间的空间收束。

③水上建廊。北园及泮溪酒家的桥上建廊，正如《工段营造录》中关于廊"或跨红板，下可通舟"的做法。

泮溪酒家水廊（许哲瑶作）

3）**廊与水石景的结合**。泮溪酒家有以下两种做法。

①爬山廊（梯廊）。结合登山、登楼的步级，在假山石梯上建廊，梯级分段，廊亦同。爬山廊由起步至收步的空距甚少，坡度接近 1:1，谓之"梯廊"，似更恰当。

②临崖建廊。接梯廊"前出步廊"，仰视有悬崖危栏之势。

（3）**廊的装修**。岭南庭园中的廊，檐下装修很少用挂落，一般采用"虾公梁"（拱梁）及攒角；亦有用明瓦横楣的，余荫山房就是这样的做法。廊的栏杆多为琉璃通花，但余荫山房和清晖园等处亦有用美人靠的。

7. 桥

在庭园空间结构中，桥不会构成园景的空间界限，只起划分水面、联系交通和点缀风景等作用。

（1）**桥与布局环境**。结合不同的水面关系，桥可以分为下列几种不同的布局环境。

1）**池上曲桥**。在池面上用曲桥划分水面，联系交通，构成水面有大有小，以小的水面来衬托出较大一片水面的宽阔。这种桥的平面要曲，人拐得曲折一些，便会觉得水面更宽阔，同时亦具步移景换之感。曲折最好呈之字形，避免作规则的弓字，因为方向虽宜变换，但不要直角拐弯。

2）**澳口小桥**。池面的另一种处理，是不用长桥来划分水面。如群星草堂水庭的游行路线是绕池一匝，为了增加水面层次和扩大水面感觉，池岸线多曲折，并设澳口数处，斜跨小桥，低平水面。远望斜桥锁澳，有"低亚作梗，通水不通舟"的境界，引致人们联想到水源深远。沿池岸、澳口桥头处缀以水松、疏竹，间亦点石，野趣天然，这正是"断处通桥"的处理手法。

3）**河涌小桥**。在既无大水局亦无水石景结合的地方，引涌水入园，架设小桥，使人于往来中领略跨桥越水的情趣。这些河涌小桥，多数结合在建筑的进口处，如可园渡拱桥，越涌水即进入亚字厅。杏林庄及荔香园的园门，前临河涌，上架平桥，有"小桥流水人家"的画意。

4）山溪小桥。潮州一带庭园的水石景，喜作山溪局，沿溪散置石组，小桥出自石间，斜越水面。例如，西塘花厅的前廊，东接小石桥，对面壁山峭立，溪下水流潺潺，怪石奇花交立桥畔，局面虽然不大，但有"花低池小水泙泙"的诗意。

（2）**桥的造型**。岭南庭园中所见的桥，款式虽各有不同，但种类不多。

1）**拱桥**。在水局或平庭中，有时为了强调一下游行路线起伏之势，一般采用小拱桥。由于庭园局面不大，跨度很小，且都是单孔的，如群星草堂、余荫山房、可园等都是就平坦的路径结合小拱桥来增加起伏的感觉。这种小拱桥做法之不同于他处的，是从桥的两端采用步级升至拱顶。

2）**石板桥**。有直有曲之分，曲桥要根据建筑物的位置及地形关系来弯曲，如泮溪酒家的曲桥是不规则的之字形；直桥多数是单孔，有些将石板做成很平缓的弧形或尖拱形，如西塘及西园的小桥，像小虹挂水，颇为优美。

3）**板桥**。木桥在造型上比较轻巧，一般单孔多用整块厚板，多孔则架梁钉横板做桥。板桥亦宜于建造上盖，如北园酒家的廊桥。长桥为了减少投资，也可采用木桥，并且有一定的艺术性，如惠州西湖的长桥，大有宋画"长桥卧波"的境界。特别是像荔香园门前的独板桥，不加修饰，有如荒溪横桥，更具田园风致。

七、建筑装修

庭园建筑应具有实用与观赏的两种功能，除了满足一般实际用途以外，同时也起着点缀风景的作用，是园内景物的组成部分。庭园建筑借助开敞灵活、轻巧通透的装修，使建筑的内外空间关系取得和谐、均衡、完整与统一，不论厅堂楼馆或是亭榭斋廊，都应具有轻巧的体型、精致的细部，和山池树石融会在一起，才能构成幽美的景致。岭南庭园的建筑装修，具有优良传统，由于地理环境、气候等因素，加上地方手工艺发达，更加丰富了它的独创性。总的说来，岭南庭园的建筑装修，在规划和表现方法上，都充分发挥了轻快通敞、玲珑剔透的特点，形成了富于地方色彩的风格。

装修特点

岭南庭园的建筑装修，无论在体型、功能、色调和体裁上，都具有其独特之处。

1. 体型

为了满足人们起居生活的要求，庭园建筑装修的体型，一般都力求轻快开敞，体型设计也首先着重于空间关系的布置，借助于多样的门、窗、屏、罩等。如到脚屏门的分隔、形状活泼有趣的门洞、敞口厅的花罩等，使室内外空间互相渗透；从室内可以观赏园景，从园中也可隐约窥探内部的陈设。

此外，一些地方特有的手工艺，如细木工艺、套色玻璃画和贴窑等运用到装修上来，使得装修的造型更具玲珑浮凸、剔透纤巧的特色。例如，泮溪酒家大厅的"洋藤贴金花罩"，运用钉凸工艺的特点，藤蔓前后交缠，花叶层次繁密，嵌空浮凸，栩栩如生。北园酒家大厅的"到脚通雕花鸟屏门"，透过拉通花什锦金钱衬底的背光，显出衬底若刻若镂，通漏透明；花鸟的轮廓，则若动若静，思假疑真。另外，一些斗心的屏门格心（棂空）或漏花窗，显出"嵌不窥丝"的花纹图案，仿佛挂着一幅织锦，情韵别致，意味深长。

2. 功能

岭南庭园的建筑装修，本身就是一件工艺美术品，在设计上往往是作为室内陈设组成的一部分来考虑它的比例尺度。一些通雕花鸟的漏窗，或者拉通花衬底钉凸花的屏门（格门），都是作为通透的花鸟画轴、座屏或挂屏来安排和布置的。特别是彩色玻璃画的运用，使装修的陈设功能更具有广泛的园地，每一扇门或窗，本身就是一幅透明的书画条轴。如镶玻璃画窗心的满洲窗，由9～15扇构成一套，好像斗方合锦画；有些行门以扇面、方块或团扇形玻璃画作合锦图轴的构图，既是门又是画。泮溪酒家门厅迎面安设的"套红书法玻璃画屏门"，恰像8幅透明的红笺书法挂屏，周围用楠木通花衬边，如同画卷的绫裱，典雅大方，成为门厅陈设的主体。装修而有陈设的功能，是中国建筑的优良传统，在岭南庭园建筑装修中，对这种传统加以继承发展，不单在艺术设计方面有独特的发挥，所运用的材料以及题材也较广泛，而其陈设功能则尤为突出。

3. 色调

室内装修一般以生漆原色（荔枝核色）、楠木原色、红木家具的"酸枝色"等作为主要色调，令人有宁静安详的感觉。此外，充分利用套色玻璃特点，使装修色调丰富多彩。生漆色的框饰和原色楠木通花衬底，镶蓝色或绿色玻璃画，使室内气氛宁静清幽；或者在厅堂当眼处的屏门镶红色或黄色玻璃画，会令人感到华丽典雅；又或有些屏门用整幅"药水银光"玻璃画，框饰和平板漆珊瑚红，色调明朗雅致。总之，由于生漆颜色、楠木原色和套色玻璃色彩的互相衬托，使装修色调静中有闹，典雅而不沉闷，活泼而不激动，华丽脱俗，这可以说是岭南装修色调的特点。当夜色深沉，从园中望向厅堂，透过室内华灯背光，映出一幅幅透明的"条幅挂屏"，窈窕明丽，色彩缤纷，意境极为奇妙。

4. 体裁

装修体裁因不同的建筑类型而异，如厅堂建筑宜"宏敞精丽"，装修处理要堂皇富丽一些；斋轩一类的小型建筑，要求明净养神，装修体裁就不妨淡雅轻巧一点儿。以泮溪酒家为例，由于它是公众活动场所，须能表现出群众喜悦洋溢的气氛，建筑装修总的风格要求精美华丽，但厅堂有大有小，接待的性质有闹有静，因而精美华丽的程度和调子也有所区别。如宴会大厅接待群众较多，室内外的空间体型比较大，在装修上要求的体裁是宏敞华丽，因而所有窗户、屏门、花罩等的比例和造型都要比较富丽辉煌，色调也要比较热闹。其余如山楼、水榭、花厅等处所，由于体型较小，接待群众不多，装修体裁就以精巧玲珑为主，色调亦应较为素静。

即使在同一大厅之内，装修的体裁也要在协调之中求变化，庭园的厅堂到底不同于宅第，不应过于恭谨端整。如泮溪酒家的大厅在东端安上一幅通透精巧的"斗心通花洞罩"，透过景框看到小院内的石笋棕竹，醒人心目，有如宋元画的小品，"隐出别壶之天地"，调剂了大厅气氛，使原来热闹壮丽的情调得到冲淡，闹中有静。这些装修体裁的变化，正是《园冶》所谓"端方"与"曲折"要"相间得宜，错综为妙"之意。

位置与装修

在不同位置上运用装修间隔，形成不同功能的建筑空间，这些装修在空间区划上大致可分为下列几种类型。

1. 墙壁分隔

两个使用性质不同的建筑空间，彼此没有连通在一起之必要，需要有一定的分隔。厅堂与房室之间的装修，要求起遮断作用，假如堂室相望了然也就失去了间隔的意义，即使装修精美极致，也不免华而不实，反而不当。因此，如厅堂与房室，一般采用4～8扇屏门、碧纱橱或满洲窗等；前厅与后房或前卷与内室之间，除了采用上述装修外，亦有用太师壁的。屏门一般用透明程度较差的套色玻璃画、木刻通雕加衬板或平雕。室内与前卷之间要求通风采光，多用满洲窗，取其可以启闭自如；亦有用屏门的，但屏门的缺点是关闭时欠通风，敞开又嫌室内过于暴露。为了补救这一缺点，亦有采用两旁镶"企映"中间四幅屏门的做法，槛窗亦有采用，但窗扇向外开时，妨碍走廊的交通。一般来说，上下"撑"（拉开）的满洲窗是比较理想的。

外墙窗户装修，有全部用槛窗的，即使是部分采用，一般亦以"转足"窗（上下用转铰）为常见。有某些窗是经常关闭的，或者只开三两扇，这种窗的存在，并非完全为了采光通风，同时也是利用户外背光，使玻璃上的画面明晰映出，可资观赏，发挥了陈设的作用；满洲窗也具有这方面的功能。另外，一些朝北厅口的特殊处理，如余荫山房对朝北向的厅口，采用整幅到脚大板玻璃屏，内外景色隐然可见，但又不受寒风凛冽的影响。朝北厅口假如实在要敞开，可将分隔做在前廊檐下，在栏河上装一排"水窗"（风窗），作为暖廊来处理。

2. 空间过渡

厅堂处所的分隔装修，以通透开敞为主，为了符合这一要求，装修设计就必须独运匠心，裁制得宜，因而也就形成了轻快明朗的南方风格。在这一方面，常见有下列一些处理手法。

（1）套厅。最普通的套厅处理，是在两厅分界之处不设任何封闭的分隔，只适当运用一些象征性的装饰——"罩"，作为套厅的空间界限来约束一下，使两个厅之间有些过渡性的措施，而不至过于空虚。另一种是在套厅的分界处设一整幅木刻通雕花鸟，或者几何连续图案的斗心通花，并在这幅通雕或通花当中开一个门洞，构成"洞罩"，套厅之间似隔断而又敞通。这幅洞罩，既是两个厅的空间过渡，又是一幅艺术品，不仅发挥其功能作用，同时也是室内的陈设。亦有以粉墙门洞为套厅分隔的，门膛用水磨砖、细琢石或做"满夹"（镶木板），门洞上装一块匾额，简洁而又清雅，但从通透上来说，远不如上述的做法。另外，亦有用多宝架、书橱之类作套厅分隔的，这就将装修、陈设和实用三者结合在一起了。

（2）**敞口厅**。一般是将厅堂正间面对庭院的厅口敞开，透过前卷、前廊或拜亭，不仅可以从户内赏景，同时也使内外空间交织起来，成为具有自然气氛渗透的居室环境，这就是敞口厅设计的意图。敞口厅的装修通常是用"罩"，但为了不使室内过于暴露，罩的宽度最好比厅口窄一些，两旁镶一幅企映，从实例看来，有时厅前不一定有前卷，则可将厅口略为后退，这会使厅口更高敞，所以"照镜枋"（中槛）之上要有一幅很高的横披。洞罩的使用和套厅相同，只是套厅的洞罩有时可以偏在一边，而敞口厅的则居中。

敞口厅通常指面对前院设有开敞厅口的厅堂而言，实际上庭园的建筑物经常是两面或四面临庭院的，随着设计的需要，一所厅堂可能不只有一个敞口，而敞口亦不一定设在面对前庭的正间。例如，泮溪酒家大厅东面山墙，设有一个敞口洞罩对着小院，构成大厅的"端景"，这是带有景框的作用；另外，在长廊端点厅房的入口处设洞罩或门景，也会构成美丽活泼的路线端景，人们从远处便看见这一精美的装修，最后穿过而进入室内，这就使人感到有"象随景化"的情趣。

（3）**廊下**。廊下装修，除上述"水窗"外，一般是作为建筑空间过渡到庭园自然空间的手段，有下列几种处理方法。

1）**拱梁、横楣（横披）、挂落等**。在檐下两柱之间做一些象征性的装饰，充实和联系柱与额枋之间的空间，其中以虾公梁（拱梁）最为简洁及常见，这是岭南特有的廊下装修。横楣的采用也不少，挂落则不多见。

2）**窗洞景框**。廊的一面不用柱，而是以粉墙窗洞代替。透过窗洞可以看到园中景物，而每一个窗洞都成为一个优美画面的景框。这种做法没有拱梁、横楣等那样通透，但还是起内外空间的过渡作用。

3）**遮阳措施**。东莞道生园楼厅前廊檐下的遮阳处理，基本是用一般的活动百叶窗，但窗扇轻巧别致，具有功能及装饰作用。另外，在檐下设一幅明瓦横楣，除装饰外，也起遮阳的作用。

3. 天花遮蔽

为了使屋面或楼底结构不致暴露, 采用封闭措施, 即称为天花或者平顶。庭园建筑的天花与大殿不同, 不能用过于庄严而又烦琐的綦盘。《园冶》中说"一概平仰为佳", 楼底天花, 由于空间有所限制, 多用"平仰"的形式。瓦面下的天花如果"平仰", 室内空间则只能与檐齐高, 容易产生压抑的感觉, 如贴于瓦底桁, 与屋面取同一坡度, 只会欠缺美观。李笠翁也曾提过这样的意见, 并倡议: "以顶格为斗笠之形, 可方可圆, 四面皆下, 而独高其中", 岭南所流行的天花样式恰与此吻合, 这种天花装修, 广州俗称"烧猪盆"。它以当中升起穹窿, 四周绕以平板, 平板与穹窿之间接以斜板或立板; 有些讲究的天花, 顶板及平板均用斗心通花纹样来装修, 另有一种华贵雍容的感觉。此外, 一些大型厅堂的天花, 基本仍是"烧猪盆", 但平板部分有大小格枋, 略具綦盘的分格; 穹窿部分亦有分作两层, 形式较为壮丽宏旷。

装修工艺

装修上运用的手工工艺, 种类很多, 其中有些是岭南所特有的, 如广州的套色玻璃画、潮州的贴窑; 有些是技巧上特别精美的, 如细木作的通雕、斗心、拉花等, 尤其是钉凸, 是广州特有的细木工艺。下面仅就这几项来介绍, 至于琉璃、砖雕、石雕等, 各地所常见的, 就不论述了。

1. 玻璃画

于两个不同明暗程度的空间, 设套色玻璃画装修, 使室内与园景的关系更为活泼, 别有情韵和趣味。如小画舫斋敞厅屏门的套蓝玻璃画, 透过背光, 像是六幅透明的蓝色花鸟挂屏; 泮溪酒家门厅迎面八幅套红玻璃屏门, 刻名家书法, 色调华丽典雅, 有很大的吸引力。这些玻璃画应用在装修与陈设方面, 就有它特别的作用。

　　套色玻璃画是清代光绪年间才发展起来的工艺，距今不过百年，所以在较旧的建筑中尚未采用。套色玻璃画的做法，有车花、磨砂、吹砂和药水等，其中以"药水玻璃"的做法较复杂。大体上"药水玻璃"分套色和银光两种。套色玻璃的材料是用一种正面有色而背面乃为光片的玻璃片，颜色有红、蓝、黄、绿和紫黑等。目前这种工艺已濒于失传，甚为可惜。

　　（1）**套色玻璃画**。在玻璃有色的一面薄薄刷一层凡立水（清漆），九成干后粘上锡箔，再用桃胶将写就书画的薄纸贴上，用刻刀照纹样勾出线条。随后剔除线条以内的锡箔，洗去凡立水，即露出花纹部分的有色玻璃表面，再用氢氟酸将"色"蚀去，清除洗刷后即成为一幅带银光色泽花纹的阴文套色玻璃画。至于阳文套色玻璃画，广州称为"脱底"，一切都与前述做法相同，但用刀剔除时，则剔去花纹以外的锡箔，因而氢氟酸只蚀去这一部分"底"色，将有色的阳文花纹保留。

　　（2）**银光磨砂玻璃画**。亦称"药水银光"，与阴文套色玻璃做法的过程大致相同，唯材料只用光片。经刻蚀阴文花样后，即将其余部分磨砂，衬托出阴文闪闪，有水银光泽，故一般称为"银光磨砂"。

　　套红和套黄色玻璃画，多数以书法、古币或瓦当等纹样做图案，宜作厅堂的屏门格心，室内环境可增强喜悦洋溢的气氛。在套色玻璃中，以套黄色为最名贵，现存实物已不多见。套蓝和套绿色，颜色清丽典雅，特别宜于庭园的斋轩楼馆。炎夏暑天，配上蓝窗绿格，尤其显得雅淡清凉。

　　银光磨砂较套色玻璃略逊一筹，原因是不像套色玻璃那样有深浅、层次的色调，但亦有人喜欢它在淡素中显出银光气泽，清雅别致。银光磨砂可作大板玻璃窗心等，和现代建筑装修易于调和，有进一步发展和推广的前途。套紫黑色玻璃画极为罕有，仅见过去广州西关赤宅的十二幅名人书简套色脱底（已被收购保存），此外未见有其他的实例发现。

2. 细木雕作

　　岭南地区的细木工艺具有优良传统，丰富多样。如通雕是以细腻写实的刀法见长，所刻藤蔓枝干，能够表现出盘曲的姿态和苍劲的纹理，特有的钉凸技法，在处理上对立体感的表现和玲珑浮凸的造型，均具有较大的自由。其余如拉花和斗心等，亦以纤巧精致见称。至于构图取材，则更能运用地方题材，如荔枝、芭蕉、木棉、洋藤等，富于乡土风味。下列几种为常见的细木工艺。

（1）**平雕**。先将图纸贴木板上，然后按纹样刻划，刻法有两种：一种绕着书画笔划的周边刻划，之后修成"仆竹"形（俯半圆形），好像通心字画；另一种则作平底阴文雕刻。平雕在装修上应用范围很广，如以楠木板刻阴文书法、钟鼎、古币或兰竹之类作屏门格心（椿空），设石绿或佛青色，衬托着楠木板的原色，实质上即为一套工艺挂屏，清雅可喜。其他如屏门的平板、窗槛及横披等，都可利用平雕来装饰。

（2）**浮雕**。基本上像平雕，但要运用一些透视法则来构图，有深浅层次，比平雕略具浮凸的形象。大良某园有花鸟浮雕格心，刻工极为写实细致；其他的实例以屏门的平板或束腰为多，北园酒家的大门有很精致的汉玉纹、夔龙纹浮雕装饰。

（3）**通雕**。较浮雕更具立体感，一般用于屏门格心漏花窗和花罩等。所用木料，广州称为"柴"。柴的厚度，格心及漏窗约为4cm，花罩6cm。做法是先以纸构图贴于柴上，随后用线锯将空白部分拉通，并用斧凿剔出大致轮廓，然后再从事细工雕刻。一般通雕以双面最为普遍，由于柴的厚度有一定限制，所以它的构图仍受透视画法的约束，但比起浮雕已经自由一些。

（4）**钉凸**。钉凸是从通雕发展出来的，构图不受柴的厚度限制，假若造型的要求超过柴厚时，便另加钉贴木，雕成完整的形象。钉凸经常和通雕、拉花等综合起来运用，如一些屏门格心，用拉花衬底，部分枝干花叶用通雕，部分花叶鸟虫则用钉凸。花罩亦有作立体木刻钉凸的，如广州酒家的"柳燕罩"，是钉凸罩中一个突出的例子。

（5）**拉花**。用1cm左右厚的木板，贴上连续几何图案的花纸，然后用线锯拉通纹样以外的空位部分，成为一块通透的花板，再将花纹表面加工整理成"仆竹"（俯半圆形）或"昂竹"形（仰半圆形）。拉花有两种不同的运用方式，一种单独用作格心或漏窗；另一种作为衬底，结合花鸟、书画通雕。

（6）**斗心**。用 1～1.5cm 厚的木条，拼成各种连续几何图案，以冰裂纹、套方万字、正斜万字、亚字、六耳（盘长套方）、斜二字等较为普遍，变体很多，但基本不出上列范围。木条的截面有 ⌂鸡胸、❪仆竹、⋈昂竹、◠孖线、◠线香等形状，以鸡胸最为纤巧精致。如是斗心镶玻璃，木条要出凹柳（槽口）。斗心是一种在技巧上要求较高的细木工，讲究尺寸准确、榫口密贴，所谓"嵌不窥丝"，否则整幅图案就会拼不起来。斗心在建筑装修中随处都有运用，有单独用作格心、漏窗、横披和花罩的，亦有作为镶玻璃画衬底的。

（7）**编木**。一度流行于潮州的细木工艺，多数用作屏门格心或窗心。因为过于纤巧精致，对保存不够注意，实物易日渐毁坏，很是可惜。编木是介于拉花和斗心之间的一种，图案以海棠和金钱为多。做法是先用木料按图样拉成各种曲线条子，截面为（1～2）mm×（10～15）mm，再加工整理，使木条的表面更加圆滑纤细，按拼接处预做卵口，最后进行镶嵌。因为截面纤薄，花纹的线条有些分作几层拼贴，做成有前后深浅的效果，比起斗心及拉花更为精致，更富于立体感。

3. 贴窑

贴窑亦称嵌瓷，也是潮州一种特有的工艺，潮汕民居广泛用来装饰屋脊、山墙垂带和檐下花线等，在庭园中则结合建筑贴一些花纹图案，以及像生花树，使建筑和庭院的气氛热闹有趣。汕头中山公园假山旁的"梅亭"，用三支灰塑梅树支撑着三角形的顶盖，屋檐树梢缀以贴窑花朵，互相掩映，绚丽夺目，是亭也是梅花，引人注意。澄海有些内庭小院，在照墙上塑一些贴窑花树，骤然看去，疑真疑假，别致有趣；利用贴窑花树接檐下落水，这就除了观赏之外还具有实用意义。

贴窑是明末清初逐渐发展起来的工艺，它的做法是灰塑和烧瓷的综合加工，因此兼有两者之长，而不受其局限性的约束，造型自由似灰塑。灰塑涂画，色泽容易剥落，贴窑则用各种色彩的瓷片贴面，颜色鲜艳经久；相反，烧瓷要受塑坯、入窑、烧制等诸多限制，造型上有一定的局限性，没有灰塑来得自由。

贴窑这个名称恰当地表达出它和"烧窑"的区别，这些"瓷制品"不是原庄现烧，而是多加一道工序"贴"成的。贴窑的制作过程，过去是先从福建购进杯碗瓷坯，就地加工上色釉，才能符合颜色要求；再按造型将杯碗敲剪成瓷片，然后"贴"或"插"在已塑做好的灰底上面。由于运用上有所区别和灰底塑的不同，贴窑有下列几种技法。

（1）**平瓷**。在平面的灰底上，贴平面的花纹，有点儿像马赛克。这是贴窑中最简单的一种，多用于山墙垂带、檐下花线等处。

（2）**托底（又名半浮沉）**。将灰底塑成浮雕，具有深浅层次，再在浮雕灰底上贴瓷片，多用作装饰屋脊、檐下及山墙壁面。

（3）**圆身**。即为立体雕塑，花鸟人物都先个别塑做，贴妥磁片，最后才安装在预先做好的背景上。

（4）**松瓷**。运用"插"法为主，近看非常粗糙，主要用在屋脊等高出的部位。因为视距较远，如果贴做过于细致，反而会觉得纤小不合比例。瓷片只有一小部分是"贴"，其余正对视线斜角，斜斜地"插"在灰底上，远看更为逼真，从而增强立体感觉。

装修类型及构造

岭南建筑装修，形形色色，种类繁多，构造亦各异。虽是同一种类型，但在不同位置上结合使用要求，就有其不同的功能关系和处理方法。

1. 窗

庭园建筑装修中的窗，具有采光、通风、景框、陈设以及围护等几种功能，由于位置和构造的不同，窗可能具备所有这些功能作用，也可能只有其中的一部分。例如，内部分隔所用的满洲窗，是没有围护、采光和景框等作用的，但陈设的功能则很突出；内外分隔所用的窗，要求可以采光、通风，但也要有陈设的功能；外墙开窗，除了满足采光、通风的要求外，还须与外墙有相适应的围护作用；至于什锦窗洞，最主要的恐怕就是起景框的作用了。不同的功能，需要选择不同的类型和构造。

（1）**满洲窗**。是岭南建筑装修中一种特有的类型，具有广泛的适应性特点，用于不同部位，就能起不同的作用，同时在任何部位亦都可以收到陈设的效果。在庭园建筑中，满洲窗的运用是较为普遍的，它从北方的支摘窗发展而来，清代广州的"旗下屋"（满洲人住宅）多用这种窗，因而得名。

考虑到陈设的功能，满洲窗的窗心尺寸接近正方形，高宽比约为6:7。窗心的构造分为画心及衬底，这两部分相当于一张册页——斗方书画及其衬边。

1）**画心**。最普通是用套色玻璃画，不论室内分隔、内外分隔或者外墙都可以采用。个别实例中，如余荫山房花厅的前后分隔，用书画真迹作为窗心，这种窗的功能，主要是作为陈设，但只适宜作室内分隔。此外，不少窗心只用光片，主要是起景框作用，与李笠翁之所谓"无心窗"有些近似，宜用于外墙或内外分隔之处。

2）**衬底**。即画心以外，围绕着画心的部分，做法有下列几种。

①直子。画心为方形，用井字或套方斗心镶嵌。

②曲子。画心为圆形圆角海棠，用曲子带花结镶嵌。

③盘竹。画心为直边海棠角时，基本上与井字衬底同，但交角处略加曲线变化，并刻成竹节纹样，讲究一些的刻通雕竹叶。

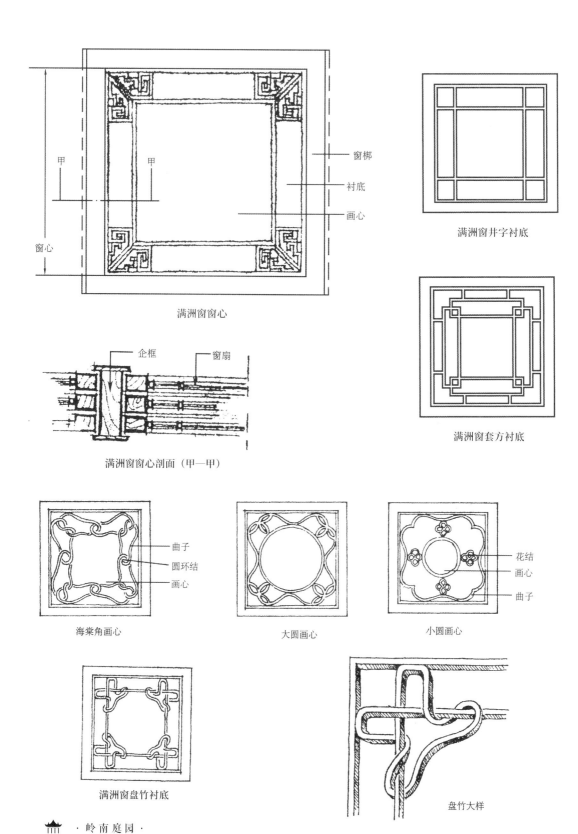

窗楣

衬底

画心

甲

甲

窗心

满洲窗窗心

满洲窗井字衬底

满洲窗套方衬底

企框

窗扇

满洲窗窗心剖面（甲—甲）

曲子

圆环结

画心

海棠角画心

大圆画心

花结

画心

曲子

小圆画心

满洲窗盘竹衬底

盘竹大样

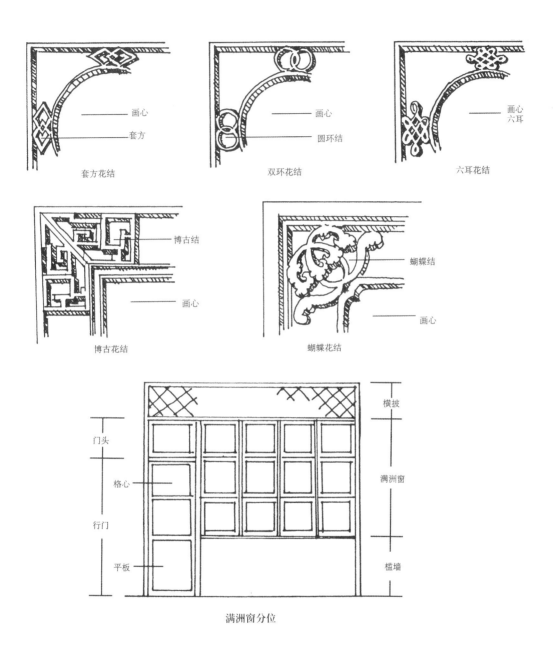

套方花结

双环花结

六耳花结

博古花结

蝴蝶花结

满洲窗分位

④花结。不用木条子，全部以拉花花结构成。常用的花结如套方、双环、六耳、博古、蝴蝶和草尾龙（夔龙）等。

⑤拉花。整幅衬底用拉花图案构成，剔透嵌空，更加托出衬底像一幅绢裱。

⑥大板玻璃。窗心有时包括画心和衬底在一起，用一块大板玻璃画（5mm厚），刻蚀药水银光书画和花纹衬边。

满洲窗的组合比例，有些像苏州的和合窗，但满洲窗是上下"撑"的，撑开时亦可以往上或往下重叠起来，窗的有效开口率为2/3。宽度分位是按开间分成3～5等分，每等分为70～90cm；高度分位为槛墙的90～110cm，加三扇窗及窗上的横披，横披高度则由房屋内空高度减去槛墙及窗高而定。如窗侧设行门，则门的平板和槛墙同高，其余门格、门头则和窗的分位同。

另外，有用两扇组合的上下撑窗，设在室内分隔处，不常开的一种窗，窗扇为长条形，两扇拼起来接近正方形，一般宽度为1m左右。例如，北园酒家东斋前卷的两扇上下撑窗，每扇为0.8m×1.8m，窗心用大板玻璃银光磨砂，上幅刻毛泽东的《沁园春》词手稿，下幅工笔花鸟，窗梛平雕密底万字，看来就像两幅透明的书画横条，富于陈设的意味。

（2）**转足窗**。即槛窗之一种，上下安设转铰，一般用于外墙部分。窗扇较高，普通为1.8～2.0m，宽度在50cm以下，过宽会使窗扇太重，构造上有困难，并且不安全；窗心宽度仅30cm左右，构图受一定限制。从实例来看，利用整幅套色玻璃画做窗心的实不多见，因而作为室内陈设来说，它是不如满洲窗的，但是岭南建筑中喜欢采用转足窗，也是它的特色，而且收到了一定的实用及装饰效果。清晖园的外檐装修是以转足窗为主，余荫山房也有部分采用这种窗。流行的窗心做法有下面几种。

1）**连续几何图案拉花**。如清晖园的"碧溪草堂"，广州高第街许家祠花厅的转足窗，都是拉花金钱纹镶光片。

2）**直子和曲子斗心**。如余荫山房水厅的转足窗用曲子斗心，西斋用斜方斗心嵌玻璃，瑜园用六方斗心镶明瓦。

3）**窗心分段布置**。如清晖园船厅和南楼的转足窗将窗心分成二或三段，每段的窗心镶光片，玻璃的上下或者周围用木雕竹树图案衬托，或用冰纹斗心等。

檐墙做法一般有光漆裙板、木板平雕、钉凸花和通花等。清晖园"碧溪草堂"有一幅檐窗墙，用水磨青砖、阴文平雕竹画，精美雅淡。

（3）**"摺撑窗"及推窗**。这种窗的实例不多，仅见于东莞可园。可园绿绮楼的窗形构造奇特，窗分里外两层，内窗向左右两边推开，藏入夹墙；外窗为摺撑窗，窗扇分成三截，下截固定，上两截用蝴蝶铰相连，再以铰吊装窗框上，开时把当中一截往上撑，支撑着上截窗扇。

2.门

在功能要求、类型选择和所在位置的关系上，与窗有些类似。不同的位置就有不同的功能要求，因而有不同的类型和构造。

（1）**格门**。主要用于室内分隔或内外分隔之处，普通由6～8幅格门组成一套，广州统称为屏门。碧纱橱也是由屏门组合而成的。

1）**分位**。屏门的形式轻巧通透，以格心（棂空）为其重点装饰，在分位上可分为下列两种屏门。

①长屏门。由上而下的分位：束腰—格心—平板。平板与其余部分的比例为2：8～4：6不等。

②到脚屏门。总的高度和长屏门同，没有平板，格心部分特别高。分位：束腰—格心。束腰从地面起算，除了束腰就是格心，因而在空间分隔上显得异常玲珑通透，这有助于创造轻快的建筑体型。

2）**格心**。格心的做法，从艺术效果来说，具有室内陈设和建筑装饰两种作用。屏门除了有分隔的作用外，每幅格心都可以作为图轴、挂屏或者座屏来看待，成为室内陈设组成的一部分。

这类格心可以分为下列几种。

①用拉花衬底（正斜万字、什锦金钱等花纹图案）通雕或钉凸花鸟，或者百寿书法等。例如，泮溪酒家大厅的"钉凸贴金柳燕屏门"，就是作为工艺挂屏；北园酒家楼上大厅的"通雕花鸟到脚屏门"，则是十二条幅的大座屏。

②用整幅套色或药水银光玻璃画，如泮溪酒家山楼的套蓝花鸟、银光花鸟，小画舫斋的套蓝花鸟等，都是作为一整套透明的书画挂屏使用。

③用斗心衬底，嵌三幅圆或方形的套色玻璃画，如泮溪酒家北楼及小画舫斋楼厅的嵌三幅套蓝花鸟等，都是作为书画斗方合锦图轴来处理的。这种格心，一般用于到脚屏门为多。

④用铜纱衬底贴木雕花鸟，此例仅见于广州高第街许家祠内花厅的碧纱橱，形式颇别致。它利用近代材料而不伧俗，且能保持其原来风格。木雕花鸟贴在铜纱上面，通透之感更强，物象也更为生动，美观而又实用。

⑤用楠木板阴纹平雕，这和"铜纱贴木雕花鸟"恰恰相反，只适宜用于要求隔断之处。在原色楠木板上，平雕阴文钟鼎、书法或花鸟草虫等，着石绿或佛青色，作为一套木刻挂屏，亦颇清雅隽永。

建筑装饰方面，作为处理壁面来看待，格心表现着轻巧通透的造型、美丽的图案和精致的工艺，主要有如后几种。

①斗心或斗心镶玻璃，普通用套方、万字、斜二字等，亦有用曲子分三段构成连续图案。

②拉花或编木，潮州的屏门多用之，显得特别纤巧。

屏门的启闭，从实际使用来看，有两种方法是比较可取的：一种是常用的"转足"，即上下安设转铰；另一种为"撑门"式，每一扇屏门有自己的一条"撑路"，即上下轨道，厅口可随意敞开，而且不占室内净空，这是"转足"式不如的。

（2）**行门**。即单扇门，一般设于室内隔断之处，或配合满洲窗安在窗旁。门有门头、门扇的构图方法，力求作为窗内陈设而存在。常见的样式有楠木板阴文平雕，像一幅山水或花鸟图轴；用几块方圆小块楠木平雕，构成一幅书画合锦图轴；格心部分用方圆小块套色玻璃画，构成透明的书画合锦图轴；格心用整幅药水银光玻璃画，平板部分则用楠木板阴文平雕。

（3）**大门**。结合外墙围护结构安设。在广州地区，不论庭园或住宅，入口大门都喜欢采用双扇板门，由于大门日间经常敞开，故此兼设有"撑栊"

和"脚门"，构成一种三层门的组合形式。撑栊具有防护兼通风采光的作用，脚门则主要是为了遮挡街外视线。

同样的道理，潮州则在"内凹肚"设"栏杆门加八卦"的做法。每扇大门都用一块完整的红木板，厚5～6cm，门头架"水桥"，设圆孔插门扇的上转足，下转足则放入"铜碟"洞内。北园酒家的大门，是用整块红木浮雕夔龙、汉玉纹样，体制瑰丽，工艺精美。

3. 门洞及其他

庭园建筑中的门洞、窗洞及漏窗，基本上是不带围护功能的，一般用于室内分隔、前卷走廊的檐下和院坪等部位。

（1）**门洞**。常见的门洞有规门或月门（圆洞门），有上下磨圆、圆角、海棠角、六角、八角、汉瓶等形式。潮阳西园的井院以彝鼎式轮廓作门洞，颇为古雅别致。门洞的做法有下列几种。

1）**门膛装修**。室内一般以镶"满夹"（用木镶衬）为多，东莞则喜用细琢红砂石，亦有用花岗石及水磨青砖或者批灰线索的，此外，不设其他的装饰。门洞高度一般为2.2～2.5m。

2）**门景**。在门洞上角装饰一些博古或其他花样的攒角，使门洞的轮廓略为有点儿变化，这种处理叫作加些"门景"。另外，有些门洞将上角镶作博古架，这是将门洞和攒角合为一体的做法。

3）**洞门**。在门洞内空衬上一樘门扇，这就成为洞门，如群星草堂船厅的月洞门和瑜园的八角门都是这种做法。道生园"问花小树"的八角洞门，则成为门与壁橱结合的形式。

（2）**窗洞**。庭园的围墙，往往开着一排窗洞，构图多变而又有趣，如瓜果、海棠、方圆、扇面等轮廓。一眼望去，就晓得是一所花园的去处，既将呆板单调的院墙装饰一番，同时又起着景框的作用。这种"什锦窗"的窗洞，岭南却不多见，只有顺德碧江小蓬莱（已毁）有一道这样处理的围墙，但尺寸比例较北方的什锦窗大一些。至于前卷室内外分隔处，或者檐下的窗洞，一般只是作为景框来处理的。从室内透过景框望出庭园，要能睹物见景，因此就要注意景物的布置配合，才能收到良好效果，否则也就失去它们作为"景框"的作用了。窗洞的做法有：

①窗腔镶水磨砖、细琢石或做蒲夹。

②用一整幅通雕或斗心做衬底，当中开一个窗洞。如广州高第街许家祠花厅楼上，用通雕竹树做衬底，绕着一个圆窗洞；泮溪酒家北厅用套方斗心，当中设椭圆形窗洞。

（3）**漏花窗**。在活动路线上的显眼处，如室内外的分隔处、走廊转折或端点等，安设一幅漏窗，通过内外明暗的背光，令人觉得虽然是分隔，仍可隐约窥探，通透嵌空，起着很好的陈设或装饰作用。做法可分为下列几种。

1）**用细木雕花**。如泮溪酒家花厅偏间的"梅兰菊竹"通雕，构图有主次，布势紧凑匀称，刻工细致，好像一幅玲珑别透的图画。楠木拉花也是室内漏窗的一种做法，通常用"美人披肩"连续图案来点缀。其余还有用斗心和拉花衬底，镶钟鼎轮廓套色玻璃的漏花窗。

2）**用铸铁或铁枝构成各种图案的铁花窗**。一般用于外墙，除利用近代材料外，还起防卫作用，如西樵山云泉仙馆祖堂照墙的铁花漏窗。

3）**用陶瓦花格拼砌**。通常用于外墙等部位，花格有黄、蓝、绿等色釉的，也有素烧的，多数为个体图案。亦有几块凑成一幅整体图案的，这种一般用来装饰照壁或"挡中"。

4. 罩

岭南气候温和，建筑要求明朗开敞，因而要采用有效的办法来确立平立面空间的层次关系，作为这一方面主要装修手段的"罩"，运用也就较多。岭南庭园建筑装修中，罩的采用，无论在类型、工艺和造型都称得上技精艺高，形式多样，成为岭南庭园建筑装修特色之一。

（1）**造型及构成**。横披、挂落以及罩等，这类装修都是从原来帷幕的形式发展起来的，因此在造型上很相像，而且同样起着划分空间的作用，不过用的材料有所不同。常见的罩从造型上来分，有下列几种。

1）飞罩。飞罩安设在照镜枋（中槛）下面，照镜枋上为横披。飞罩的宽度（b）一般等于厅口净宽，但当厅口过大而飞罩宽度不够时，亦可于厅口两旁衬以企映然后安罩。飞罩由大边、罩面、内边和罩脚四部分组成。

罩的尺寸比例：罩的高度（h_1）因厅口照镜枋以下的内空净高（H）不同而异，罩脚离地面（h_2）最少要有 1.5m，以不妨碍人们活动为标准；因而罩高 $h_1=H-h_2$。h_1 的横面与立面高度比约为 2：3，立面的斜度比亦约为 2：3，横面的高度一般为 60～70cm；罩的高宽比（即 $h_1: b$）为（2.5～3.5）：（4.2～4）。

2）落地罩。在照镜枋之上设横披，枋之下在厅口两侧贴柱分列一对企映，企映与照镜枋交角处镶攒角。北园西厅的正间厅口，企映用药水银光玻璃画做格心，平板部分拉正斜万字通花，衬以扭索攒角，是落地罩中一个精美的例子。

3）花罩。横面轮廓大致与飞罩相同，但立面部分则一直垂落至地面，其构造亦分为大边、罩面、内边和罩脚几个部分。花罩宽度（b）等于厅口净宽，高度（H）等于照镜枋以下的净高，罩脚高度（h_2）为 50～80cm；罩的高宽比（H：b）一般为（3.8～4.5）：（4.2～4.8）。

4）洞罩。在厅口设置一幅通雕或斗心，当中开一个门洞，洞作月门、汉瓶、葫芦、樽形等。洞罩构成一般分大边、罩面和内边，罩脚并不都有，而且体型较小的罩才采用。洞罩宽度（B）一般等于厅口的内净空宽，但亦有两旁镶企映的。罩面洞顶部分高度一般约 1m，罩脚高约 50cm。另有一种是半圆洞罩，介于花罩与洞罩之间的过渡类型。

（2）**罩的内边**。内边可分为散边及"挛边"（粤语中，挛即弯曲之意）两种。

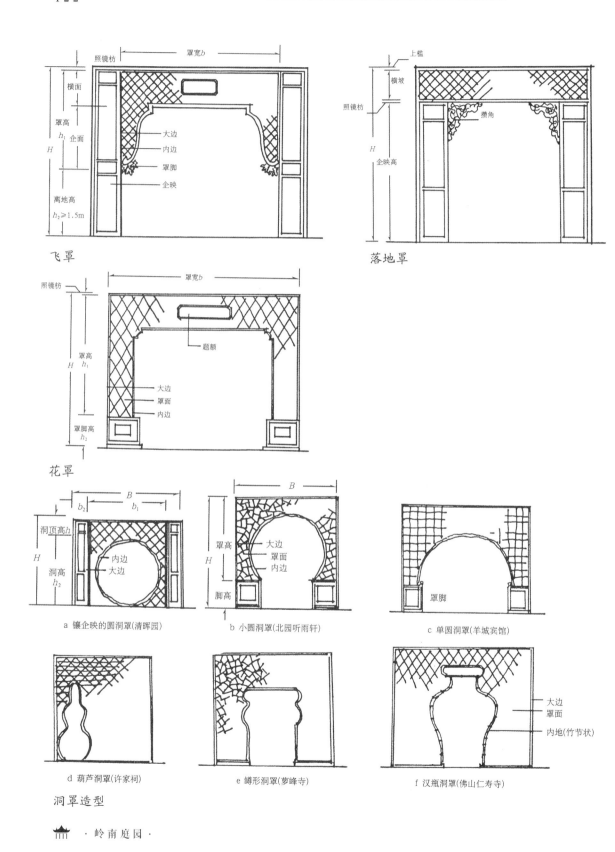

飞罩

落地罩

花罩

a 镶企映的圆洞罩(清晖园)

b 小圆洞罩(北园听雨轩)

c 单圆洞罩(羊城宾馆)

d 葫芦洞罩(许家祠)

e 鳟形洞罩(萝峰寺)

f 汉瓶洞罩(佛山仁寿寺)

洞罩造型

1）**散边**。罩的内轮廓，以罩身花纹的内边缘作为内边收口，不再另设收边线索。结合散边的罩面，多数是木刻通雕花鸟，个别亦有用博古或扭索等纹样。构图一般在罩脚上雕刻山石，从山石上开始引树干和枝叶至厅口中线交会，两边完全对称。另外，如广州酒家进门的套厅口，两旁分立一株用立体通雕钉凸的柳树，构图不做交会，罩的内边轮廓已经消失，这是花罩构造上进一步的发展。

2）**挈边**。以斗心或拉花做罩面时，一般用一束线索做内边，这束线索广州叫"挈边"。挈边的构成有花边、挈线、挈头和田螺头等几部分。花边沿着挈线外边缘，一般为木刻通雕碎花，如吊钟花、小连福、卍字之类。挈头在横面与竖面的转角处，接着"挈"的横竖两段，好像帷幕扯起时候在这里打个花结系着一样。早期的做法用双飞鱼，所以挈头亦叫作"双飞鱼"。晚期构图变化很多，从实例看来，有用花鸟、如意等，亦有些挈边根本不设挈头。田螺头是挈边的收口，构图就是一盘螺旋线，简单的只有一点；但个别体形较大的飞罩，如泮溪酒家大厅的大罩，它的田螺头是一盘庞大的螺旋线，并缀以一粒粒贴金的鼓钉，甚为突出。

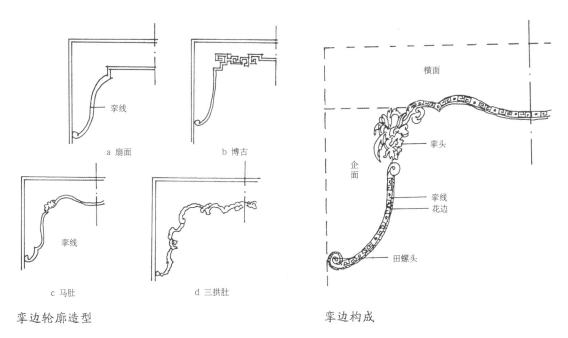

挈边轮廓造型   挈边构成

花罩或洞罩的挛边很少用田螺头，但也有个别例外，如越秀公园内听雨轩的洞罩（已毁），在罩脚上圆洞收口处，挛边有一个小田螺头，是罕见的。挛线是挛边的主要构成体，由于不同的构图，形成变化多端的内边轮廓，最基本的造型有扇面、博古、马肚和拱肚等。

（3）罩面构图与工艺。

1）**通雕及钉凸**。常见的题材为花鸟竹木，其中如间竹藤、百子藤（洋藤）、间竹葡萄、间竹葫芦、竹、竹鹤、松鹤、芭蕉、梅花鸟、香橼、荔枝和木棉等。写实的构图，有些并"像生"设色。另一个系统的罩面为图案化的构图，有扭藤（藤径）、云蝠、云鹤、博古扭藤等。

2）**斗心**。有全部是木斗心及斗心衬底镶套色玻璃画等做法。常见的斗心罩面图案多为卍字、套方、亚字、正斜万字、六耳、间方（十字盘长）和冰纹等。

3）**曲子斗心**。罩面很少用曲子斗心，仅有的例子是泮溪酒家楼厅正间的厅口飞罩，以扭条夹蓝色玻璃做"子"，斗呈斜方纹样，图案简单而有变化，有色彩，精美雅致，为实例飞罩中少见之作。

4）**拉花**。有全部木拉花和拉花衬底镶套色玻璃画两种做法。花纹以曲子或纤巧的纹样为主，如海棠、正斜万字等。

5）**套色玻璃画**。整个罩面以套色玻璃画片镶成合锦画式的构图。

（4）罩脚。分飞罩脚和花罩脚两种处理形式。

1）**飞罩脚**。多数为通雕钉凸，构图一般为狮子或其他花鸟等。如罩面是斗心或拉花，便须将罩脚做成装饰重点，采用精致的通雕钉凸。泮溪酒家有些斗心飞罩的罩脚，构图像一束刚折下的鲜花挂在罩脚处，骤看似乎与罩的构图没有什么联系，疑假疑真，构思极为巧妙。

2）**花罩脚**。亦称"博古脚"，做法也有如下几种。

①木雕博古纹样，结合通雕花鸟一起做罩脚。

②用云石或其他细琢石料（花岗石、连州青石等）做罩脚，高20～35cm，可以避潮湿，颇为实用。

③一般斗心罩面，多数用斗心或拉花罩脚，高40～50cm。

八、水 石 景

庭院的布景与作画不同，画有一定的视角和固定视点，"景"却是一个立体空间，随人们位置的转移而起着变幻。人们置身于景内，浏览水石间，要觉得步移景换，俯仰成趣。因此，布景的最重要一环，是考虑多角度的空间组织，每个角度都要注意清空而不单调，幽深而不局促，曲折而不做作，多层次而不重复，有起伏而又协调，这样才能创造出变化多姿、丰富多彩的景物，予人以美的感受。

水石是庭园中"景"的重要空间组成，从属于四周建筑环境。假如把建筑物挪开，建筑环境的衬托作用消失了，就会失去景的空间界限约制，虽有水石，亦不成"景"。它和园林（园林和庭园的区分前面已谈及）的假山大池在性质上有所区别，故而将庭园中的水石构筑称为"水石景"。水石景的规模不论大小，它的共通特点作为景来说，是没有独立性的，因而脱离不了建筑的范围。

中国庭院的布置，是密切结合起居生活的现实来处理的。在概念上，从室内到庭园，以至接触到的水石景，是一个连续感觉的过程，因而水石景的造型及位置距离，必须和建筑取得同一比例尺度，统一协调，才能引起人们的真实感觉。内庭小院的水石，一般宜作为大山水的片段或一个角落来处理，它和自然山石有同一比例，也就能够更易表现自然之美。最忌将大幅山水的内容缩小在一处，像一座大石山盆景，人们从室内到户外的一瞬间，会骤然感觉到水石景的比例不相称，自然真趣尽失，缺乏生活的真实感。

纸上作画，比例随人，尺幅可以收长江万里，题材和规模都不受画幅的限制。至于庭园水石景的布局，则有一定的空间界限，水石要和自然山水或建筑取得同一比例，这样一来，题材与规模就会有一定的局限性。它不可能将自然山水全部重现一遍，只能作为大山水的一个角落或是一个片段来对待，使自然空间与建筑空间互相渗透。

在接触水石自然质感的同时，加上环境衬托，会诱使人们联想到园外甚至并不存在的山林景象和气氛。这里的所谓"诱导联想"，实际上只是一种间接的艺术处理手法。正如仇英的《水阁鸣琴图》，画面上并没有水阁，也没有抚琴的人，只见石板桥上站着一个琴童和一个做倾听状的士人；至于水阁、琴音和阁里鼓琴的人，不言而喻，早已在这种气氛里衬托出来了，有言尽而意未尽之意，这就是造型艺术所要达到的意境。庭园水石景也不外如此，着墨愈少愈能强调山林气氛，愈具有真实感，也愈容易成功。"一峰则太华千寻，一勺则江湖万里"，前人早已指出这种意境的所在。

立石或石笋

内庭小院，布置一二天然峰石，衬以花树灌丛，笔墨不多，但饶有佳趣。这些峰石，实为石景中的小品，广州人称为立石或石笋。

1. 比例与意境

在庭园中布置石笋，结合建筑环境，通常放置在活动路线上的显眼之处。它的比例尺度，并非大山水的缩影，而是一拳半块天然石头，和自然山水或所在建筑环境的比例是一致的。所不同者，在庭园中要经过一番裁制布置才搁在那里。通常立石的形体，天然石面的质感和绿化的陪衬，以及建筑环境的衬托，会使得院子内外的自然气氛益加增强。所谓"片山多致，寸石生情"，正是石笋所要求达到的意境。

2. 位置与环境

布置立石，要和建筑环境衬托相宜，才能达到一定的效果，富有诗情画意，所谓"石令人古"，给人幽美的感受。如泮溪酒家的大厅，透过斗心洞罩东望一小院，套出两支高低矗立的"松皮"（白果）石笋，插植棕竹丛间，诗情画意，趣味盎然。这些也就是明人所谓的"尺幅窗，无心画"，都是庭园意境的景象，也是石笋布局最为广泛运用的"对景"手法。另一种方法是结合庭园的游览路线来布置立石，如群星草堂是以立石为主题的庭园，其中有峰石、峦石，主要布置在苑道的转折处、坡级的两旁、槛前或窗下。行坐其间，恍如置身千山万壑，有前揖后抱、左右逢迎之势。

北园酒家西厅侧院"墙角石"

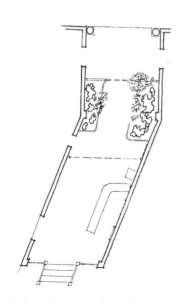

银龙酒家入口迎宾石平面

银龙酒家入口迎宾石

此外，有所谓"迎宾石"，如北园酒家月洞门右侧的两支立石、广州宝华路银龙酒家入口处的两组峰石等。迎宾石一般放置门前、门后或门的左右两旁均可。顾名思义，无非是表示欢迎客人的意思，但与此同时也是入口处的点缀。还有"墙角石"，如北园酒家西厅的侧院，就院墙的阴角布置峰石，衬以竹丛，使阴角空间顿时活泼而有画意。

3. 石笋的组立

立石的布势，一般采用高低两块峰石，矮的在前，高者稍后，斜倾依偎，使石组有起伏顾盼之态，并运用衬托手段来强调它的立体感，最忌"不是排排坐，便是个个单"的布置。立植石笋，要适当有些脚石，不能平地竖起。如峰石重心不易支持，须用铁枝就脚部扎牢，并伸入基础来加固，随后再叠石掩盖，使斧凿痕迹不致外露。整支石笋，一般先在其脚部加一石箍，然后埋入土内，使之与体重取得平衡，并借以放宽基脚面积，以免有倾覆之虞。亦有凿榫眼为座石的，但没有用石箍来得方便。

立植石笋，要多角度进行考虑，如果石笋为四面玲珑，体型、纹理和色泽均优美，应尽可能使立石取得较多面的对景位置，结合苑道，使其能多角度被人观赏。群星草堂的立石，就是采用这种布置手法。如立石仅一或两面的纹理较好，则应将好的一面向外，作为"对景石"或"墙角石"来加以利用。

立石妙在体型和石面的自然质感，不少内庭小院，将立石作为对景插在细琢石座或花台上，好像几案供玩赏，虽为庭院之一种点缀，但总觉比较缺乏自然。

石景

庭园石景，规模有大有小，小者仅为一拳半块峰石或者峦石，它只是作为山石的形式而存在；大者则"连绵"三数十米，有高及 10m 的假山，但也只能作为山水的片段来看待，布局上不能脱离建筑的空间界限，并且经常与水局结合，起互相衬托的作用。

1. 石景与位置

庭园石景布置，因所在位置不同，其所起"景"的作用亦异，一般有下列几种区别。

（1）**对景**。石景一般都起着对景作用，它的位置主要是活动路线上朝着的焦点，作为端点或转折点的对景。例如，泮溪酒家的壁山及逢源北街的石景，都是布置在池岸的一端；潮汕的庭园，多数在花厅正对照墙之处堆叠几组石景，这些都是起着对景的作用。

（2）**障景**。在两个不同布局的院子之间，采用石景作为空间过渡，院子既分隔又互通，把两者有机地联系和调和起来。如清晖园东部的"笔生花馆"前布置斗洞石景，与对面"归寄庐"的内院分隔开来，但又仍是隐约可窥。另外，在对朝厅的院子当中，为了不使两厅之间过于暴露，布置一座石景，使院子多一些层次，增加深远的感觉，东莞可园就是这样布筑一座壁山"狮子上楼台"作为障景。西塘的假山亦是障景一类，用来区分内外关系，同时亦属于照墙的性质。

（3）**衬景**。衬景的作用，主要是运用石景来点缀建筑环境，作为过渡到自然空间的一种手段。建筑和石景交相扭在一起，使人有"咫尺山林"之感。它们互相组合的事例甚多，兹将其区分于后。

1）**基座石景**。以石景做建筑物的基座，房屋好像盖在盘岩上面，诱使人们有身处山林之间的联想。其中有临水布柱，如泮溪酒家桥旁小过厅的西南角落，越水修筑，柱基建在石景上面；桥座石景，泮溪酒家桥廊的南端，桥头夹在石景当中，恰似在一组岩石间穿过；屋基石景，如西塘的山楼（船厅），楼下西面用石景遮掩，恰像山楼建在山石之上。

清晖园斗洞壁山平面及正面

2）**附墙石景。** 附着墙壁贴砌山石，如新会城圭峰招待所水楼的小院，于门洞侧旁附墙叠石景，使院墙好像紧接着山势修筑，显得甚为活泼自然。

3）**梯坡石景。** 利用石景叠梯，作为不同水平的空间过渡，如泮溪酒家梯廊（爬山廊）的石级处理，它的升高过程，登山就是登楼。

4）**池岸石景。** 结合水池布筑石景，沿池岸构成巉岩水穴，恰像一座自然的水池，泮溪酒家的池岸处理正是一个例子。

5）**洞房石景。** 从室内到庭园之间，接以岸洞石景，即李笠翁所谓"洞房"。《闲情偶记》有云："以他屋联之，屋中亦置小石数块，与此洞若断若连，是使屋与洞混而为一，虽居屋中，与坐洞中无异矣"。潮阳西园的假山洞房应属于此范畴内的一种类型。

2. 水石局势

在自然风景之中，水形山势类型很多，山和水互为衬托、互相依存，构成瑰丽多姿的景色，如壁下寒潭、溪旁乱石、水中洲渚、山间池沼等。

在庭园中布置水石景，要运用各种深浅阔窄不同的水面，散聚参差的石景，高低疏密的花木，大小远近的建筑等概括的手法，将各种水石类型特征准确地衬托出来，使自然山水片段很好地再现，增加内院的自然气氛与感觉。从岭南庭园实例所见，可以概括为下列几种类型。

（1）**山溪局**。溪与沟的造型不同，切忌将溪做成沟。沟像水槽，岸形板直而不自然，缺乏石景的衬托，余荫山房的环溪水局就是犯了这样的毛病。山溪水型虽然狭长，但岸形比较曲折活泼，并随处露出山石，悬岩水穴，"争为奇状"，衬托自然。潮州的庭园水石小品，采用这种局势的例子很多，如饶宅秋园，面积不到 100 ㎡，山溪宛转于石间，山石蹊径，曲水红桥，颇具自然趣味。

（2）**壁潭局**。当庭园面积不大，又要求将空间扩到最大限度时，采用壁潭局势是一个有效的手法。潭的水面可以不必太大，但山势要足够高峻峭拔，即山高要比水面宽度大一些，这样才能显出作用来。如潮阳西园的水石景，沿照墙筑壁山，高达 7～8m，陡峭临潭，隔水 4～5m 为花厅水楼，凭栏对山，寒潭倒影，有山高水深的感觉。

西园壁潭局

（3）**山池局**。山池布局和壁潭刚刚相反，石景高度要比水面小些，池的局面比潭要开朗一些，山势没有压迫水面，而水具有深远的感觉。如泮溪酒家的水石及西塘的山北外塘部分，都是属于山池一类的。

（4）**洲渚局**。表现湖畔水中的洲渚角落，如广州九曜园的水局，是以石堤、石洲和水面散理几块带有台面造型的湖石，将洲渚的特征准确地衬托出来。

（5）**水局**。有水源之处，水景的运用，是庭园布景最有效和经济的手段。在整理基地平衡土方时，适当挖地开池，临池筑岸，不但维护费少，一劳永逸，而且养鱼种莲，平添无限景色，并可以结合生产。中国建筑结合水景，是它的优良传统之一，所有园林以至庭园，都少不了有临越水面的构筑，所谓"临溪越地，虚阁堪支"，构成"池馆"的建筑形式。如《扬州画舫录》所载，就有水廊、水阁、水馆、水堂、水楼等，几乎陆地上所能营造的，都可以和水结合起来处理。水是动态的，有远意，构成的空间显得自然活泼，易于和自然或建筑环境取得一致的比例，给人以清空深远的感觉。

池馆式的庭园布局，要求水面在庭园之中占据较大比例，所以在较小的院子里，几乎大部分要挖成池塘。至于池岸处理，一般为下列两种。

1）**自然池岸**。群星草堂的池塘是不整形的自然式池岸，有些用石砌，有些为土坡，比起全部石砌驳岸来得自然活泼。临池一亭一船厅，池岸曲折多姿，设有澳口数处，"断处通桥"，桥用石板，低平水面，沿墙栽竹，绕池植水松，使水局来得清空雅致，优美自然。

2）**方塘驳岸**。多用石砌垂直驳岸，虽然比自然池岸略觉呆板，但只要水面和建筑的比例合度，砌作得宜，仍然可以给人优美的感受。清晖园的方塘，临池建水亭、水榭和斋馆，船厅侧靠东北角与书屋连接起来，形成一个临池的庭院。塘为 $18m \times 36m$ 的长方形，所有环池建筑形体不大，布置疏落得宜，整个气氛调和而不呆滞。

水局除了以上几种类型，当然还有其他的局势，不过，在岭南地区，一般庭园水石景的布局，以运用上述者较为普遍。如瀑布，由于水源不易得，费工而难精；涧的局势亦未发现。

3. 空间结构

水石是庭园的特殊空间组织。它和建筑空间、绿化空间交织在一起，错综掩映，构成庭园优美的轮廓和丰富的内容。水石空间结构的目的，是为了扩大院内空间，使原来平淡和呆滞的内庭具有高低起伏、迂回曲折的自然景色。一般的运用手法大致有下列几种。

（1）**高低起伏**。起是堆山，伏为挖池，一堆一挖，使高差加大，从而内院的空间亦随着扩大，这是扩大空间最有效的手法。例如，广州逢源北街的水石景，山势从地面起计，不过占山高的6/10，再从地面往下挖池，石景结合池岸堆叠，从池底到地面又增高石山4/10，这样便会觉得山势高峻；潮阳磊园，有意识地降低楼厅和前阶的标高，比对着的假山基座低1.1m，从而扩大院内空间起伏之势。

（2）**曲折迂回**。在庭园水石之间，有意识地组织一道整体性的连续"风景线"，穿插一条迂回曲折的山径，所谓"蹊径盘且长"，以增加院内的空间层次。如泮溪酒家和西塘的石景，有一条山径蜿蜒上下，起落盘旋，假山占地虽不多，但曲折幽深，意境多变，自能小中见大。

（3）**互相渗透**。两个相邻的庭院，分别局限于自己的范围，如果仍以墙或其他建筑物划分，定感空间狭隘。倘若运用空间渗透手法，以水局来沟通，池岸布置石景，使两个庭院的空间交融起来，若断若续地成为一个整体，风景线不只局限于一个院子内，这样景的范围也就扩大了。例如，泮溪酒家东西两院及西塘两庭的关系，都是采取这种手法来扩大空间感觉的。

石景造型

石景的造型虽然没有成规，但在庭园里会受到一些因素的影响：a.端景、障景和衬景的位置关系；b.结合游览路线的山势起伏，如路线是险陡的，石景造型也就峻峭一些，平易的就开阔一些；c.其他如石料、规模以及建筑环境等，对造型都有一定的关系。

最简单、最常见的石景为"三峰"石组，即《园冶》中所说"假如一块中竖而为主石，两条傍插而呼劈峰，独立端严，次相辅弼"的石景组合。广州石山匠师称主峰为"玄武"，劈峰左为"青龙"，右为"白虎"。常见的三峰高矮虽没有硬性规定，但可以参考下列比例来安排：

白虎　　　玄武　　　青龙

（右劈峰）（主峰）　（左劈峰）

5　：　10　：　7

主峰高矮亦无一定限制，只要与院内的空间组织合度，一般为院宽的 $1/8 \sim 1/6$ 是比较适当的。三峰的造型与组成总是以"势如排列，状若趋承"为原则，要有起伏照应，要有前后立体感。同时，还要考虑建筑环境的衬托和比例适宜，才能引致人们有"宛自天开"的联想。荡云和广州逢源北街园中的三峰石组都是较好的例子。

在广州，流行着许许多多石景造型的"程式"，都是从三峰石组发展和演变出来的。由于建筑环境、体型大小等因素影响，这些程式本身的变化还是很大的，常见的可以归纳为如下两大类型。

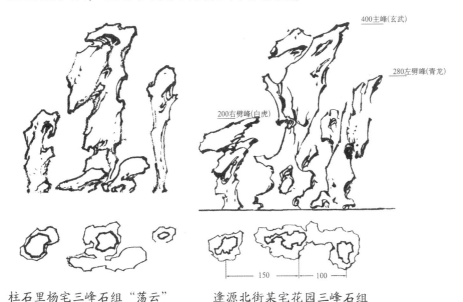

柱石里杨宅三峰石组"荡云"　　　逢源北街某宅花园三峰石组

1. 壁型石景

广州一带的壁山造型，由于所用石料关系，以玲珑通透为主。所谓"型"，不过是几组峰石透迤相连，其间虽然没有显著凸出的高峰，但峰石连绵，若断若续，仍具有峰峦起伏的轮廓气势。例如，大良清晖园的斗洞、泮溪酒家山楼下的壁山，这类石景，石山匠师们统称为"夜游赤壁"。潮州的壁山，采用大块花岗岩山石堆筑，造型浑然一体，以厚重古朴为主，虽然没有那么剔透，但壁的感觉来得自然真实。

两种壁山在造型上都有它们共通的特点，山石气势一般开阔平远，没有显著凸出的高峰。壁下或壁顶蜿蜒着一条曲折的山径，构成院内起落盘旋的游览路线。由于壁山山势平矮开阔，需要运用一定的布局手法，才能在观赏时觉得峭峻矗立，引致人们有处于深岩绝壑的联想。下面是壁山不同做法的实例。

（1）**贴墙构筑**。这一类多为壁山小品。由于院内地方较狭小，但又要布置一定的山林气氛，所以就靠墙贴砌一些山石以作点缀，这是所谓以墙为纸、以石为绘的做法。清晖园的斗洞有一部分贴在房屋的山墙上，潮州很多庭院的石景则靠着院墙贴做。

（2）**负楼构筑**。在壁山脊背之上建楼台，壁顶没入山楼的墙壁内，这是"贴墙构筑"进一步的发展。为产生无穷山势的联想，将山顶没入建筑前墙，这是不露壁顶的办法，好像山楼建在悬崖峭壁之上。泮溪酒家的壁山属于这一类型，从池东仰望，危崖峭壁，楼阁凌空，诱导人们联想楼后有千山环抱之势，而前面的壁山则仅是大山之一隅。

（3）**壁代照墙**。沿着厅房院子照墙之处筑山，正如李笠翁所谓"或原有亭屋，而以此壁代照墙"的做法。照墙一般与邻院相隔，在这里筑山容易缺少背景衬托。由于最忌对望露顶，因此潮阳西园的壁山，采取将山加高，并缩窄壁与船厅之间距离的办法，符合了李笠翁所说"使客坐仰观不能穷其颠末，斯有万丈悬岩之势，而绝壁之名为不虚矣"的要求。西园壁山采用普通山石堆叠，纯朴雄厚，是浑然一体的壁型。

泮溪酒家的壁山

（4）**前山后壁的布势**。李笠翁所谓"凡累石之家，正面为山，背面皆可作壁"。樟林西塘、东莞可园的石景，都是这种做法，但处理手法略有不同。

1）西塘壁山。长约 20m，高仅 3～4m，用普通山石叠做，为浑然一体的壁型。园内山南临溪及小塘，壁下山径蜿蜒，隔水为"六角拉长亭"。由于壁山低矮，亭的构筑采取压低檐口的办法（封檐板下边缘至地面仅2.45m），坐亭观山，与李笠翁所说"目与檐齐，不见石丈人之脱巾露顶"的道理是一致的。山北傍外塘，这里是绝壁临水，不再重复"不露顶"的处理手法，以宽阔的水面为空间过渡，只能隔岸眺望或泛舟塘上，石壁峭立，老树盘根，危楼凭石，构图幽美，另有一番境界。

2）可园壁山。采用拳状珊瑚石（当地称为碱水石）堆叠，基本上是广州一般的做法，但比较雄厚些，接近浑然一体的造型。由于石料的关系，壁山规模不大，高仅 3m 左右，北面有"亭台"，虽亦逼近石壁，但未能收到仰观不露顶的效果。朝南山背作峭壁型，可惜缺少建筑或水面的环境衬托，孤立于地上，壁顶秃露。

2. 峰型石景

峰型石景的主要特点是主峰凸出，体型峭峻秀拔，附从石组比较矮小，整个石景轮廓起伏明显，结合峰的造型，山径起落较大。石景不外乎是自然山势，或再现天然山势，变化万千，因而峰石的形态也就各异其趣，有峭拔、有开阔，甚或有些象形鸟兽人物。因各种不同的石景形象，人们附会品题，渐渐成为一种"名堂"，即石山匠师"石谱"里的"喝景"，如"风云际会""狮子滚球""仙女散花"之类，好像一种程式或者画谱似的。

这些"谱"仅是峰型石景造型的几个基本手法，为一般匠师所谙练，只要说出"名堂"或"喝"出景来，便会按"谱"叠造。由于手法和技巧有高低，造型出入很大，且因建筑环境、体型大小、地形位置及石料的情况不同等，影响到每一座石景的具体造型。所谓"谱"，不过只是大体的轮廓，供叠造时参考而已。常见峰型石景的"名堂"有下列一些。

（1）**"风云际会"**。其特点是由几条梯径构成主峰，像几条龙般交相缠绕，会合于山巅；山径石梯上落交错，忽聚忽散，穿越岩洞，构成许多复道，洞上有洞，石型佶屈变幻，峰峦竞秀。

例如，广州逢源北街园中的石山，就是这一类的典型。石景耸立小涌之南，绕水阁，渡石板桥，循岸边穿洞至主峰之西麓，是为山径。梯径则有三：一从西面垂直而上，经峰背至山巅；其余两梯分从东西麓入口，盘旋洞内，隐约可睹；西梯至半山转出洞外北面，复折至东部洞顶，和东梯会合后，再继续攀登，并在山顶与垂直西上之梯径交会一起。整个石景，主要由三道石梯离合交会，构成比较秀拔的峰型；广州现存的石景，以此为最佳，规模也较大。

（2）**"美人照镜""仙女散花"和"贵妃出浴"等美女形的石景**。这些"名堂"的造型，基本上大同小异。它们的共通特点，是主峰和劈峰可以明显地看出来，构成的山洞不大，山径也不太复杂，周围小峦石较多。如广州六榕路飞园石景，是属于这一类型的"美女梳妆"。主峰象征美女，半山有石几作为妆台，右劈峰贴近主峰，像持镜的侍女，前面罗列几组峰

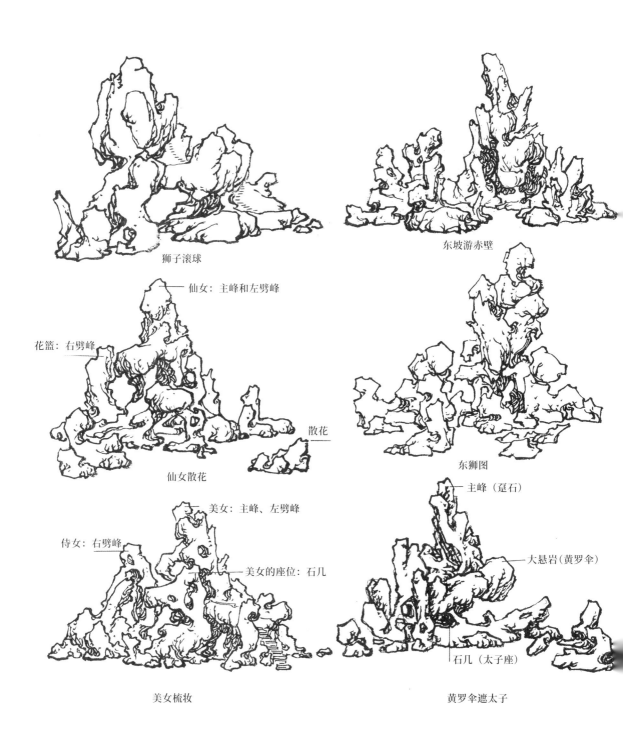

狮子滚球

东坡游赤壁

仙女：主峰和左劈峰

花篮：右劈峰

散花

仙女散花

东狮图

美女：主峰、左劈峰

侍女：右劈峰

美女的座位：石几

主峰（凭石）

大悬岩（黄罗伞）

石几（太子座）

美女梳妆

黄罗伞遮太子

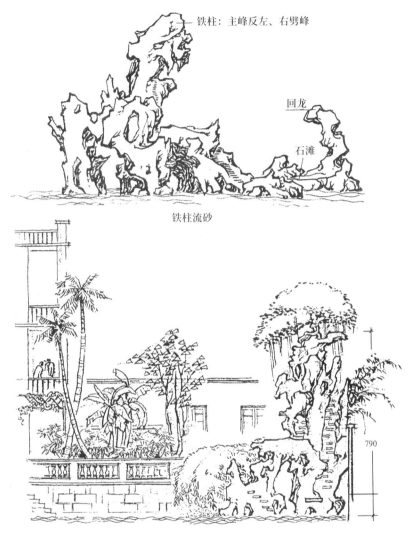

铁柱：主峰反左、右劈峰

回龙

石滩

铁柱流砂

790

逢源北街某宅花园"风云际会"石景

峦小石，则是影射婢从。这些石组构成主峰的前景，层次较多，富于立体感，游览路线穿插石丛中，乱石争路，是"未山先麓"的手法。并有山径宛转攀登石几，下有小洞，整个石景造型通透。"美女梳妆"与"贵妃出浴""仙女散花"的主要不同之处，在于前者有石几，而后者却没有。至于其他地方，则均相类似而无多大的差别。

（3）**"铁柱流砂"**。主要特点是主峰矗立，形态要比上述两种更为峭拔，劈峰不明显，构成的山洞也不很大，配合开朗像河滩的水局，令人有中流砥柱的感觉。山下水际有一条狭长的石滩，连着一组较矮小的峰石，与主峰起呼应作用，有若漓江山水的联想。广州长寿西路金陵酒家前院的一座小石景，是这类型的较好例子。

（4）**"狮子滚球""狮上楼台"等狮形石景**。这些石景都是状似狮子，外貌较为开阔，既没有上述几种峰型的峭拔，又不像壁山的逶迤平坦，而是近于"峰"与"壁"之间的一种造型。如逢源北街的石组"狮子滚球"，劈峰较矮，好像支座，主峰似上盖，状若狮子回头，有动的姿态，所构成的山洞也较大。山径上落穿插，起伏比壁山要大一些，但比起"风云际会"就平易得多。大型的狮形石景，还可以攀登"狮"顶脊项。

（5）**"黄罗伞遮太子"**。这类石景是以岩洞为主，由一块悬崖构成宽敞的半山洞，洞顶后半部置巨大的峰石来平衡悬崖，正合乎"悬崖使其后坚"的道理。洞内有石台，象征太子宝座，悬崖则影射罗伞。石景造型开阔平易，较之上述各种"名堂"都要雄浑一些。

逢源北街某宅花园"狮子滚球"石景（尚廊作）

上述石景的造型，不过是常见的几种，此外还有"皇娘晒锦袍""美人照镜""九狮图"等。实际上，因形附会，石山匠师随意"喝景"，"名堂"因而甚多，变化亦大。所有"名堂"，只可作为创作时参考，而不须为这种程式所限制。石景妙在似与不似之间，令人遐想而不失其天然山石的意态，最忌追求形似，反而低级趣味，缺乏自然的真实感。

石景构筑及构成

筑山所选用石料的质量与形态，对于石景造型影响甚大，同时也要照顾到产地距离和运输方式等，所谓"因地制宜"，也正是这个道理。其实凡石皆可利用，尽可就地取材，至于能否出神入妙，则在乎如何掌握技巧和灵活运用。

1. 石料

岭南庭园所用石料，可以分为两大类别，即石笋和石景的用石。就实例所见分述于后。

（1）石笋选石。石笋一般采用英石，间亦有少数太湖石及宜兴石（白果石），这些都是过去商宦人家从远处带运回来的。英石具峰峦岩窦之势，产英德附近山间溪水中，旧籍谓有数种，但常见者多为微青色带白色脉络及微灰黑色两种。立石选势，一般上大下小，所谓"云头雨脚"，具有拳曲飞舞、摇摇欲坠之势。就质选石，应具天然石面，如苏东坡所说"文而丑"的纹理，瘦、透、皱之姿，也就堪称上乘了。立石基本上应是一块整体山石，这是比较理想的，常因运输艰难或产地过远，用三五小块来拼叠，即使如此，总还要以"依皱合掇"为原则，并用较大的石块封顶。

肇庆云浮产石灰岩峰石，色灰白，石面有弹窝，玲珑剔透，状类太湖石。潮汕庭园的石笋，多用具有天然石面的花岗岩山石，虽不怎样嶙峋凸出，然而另有一种浑厚自然的风味。块甚顽劣,不宜高叠,因"无漏,宜单点"。

(2)**石景选石**。石景所用石料,在质和形态上的要求都没有那么严格,石块大小也可以随便些。由于筑山意图可以随人布置,这就在选石、用石上与石笋不同。

1)**英石**。英石具有上面所介绍的优点,不过石块小些,色青灰典雅,与绿化环境很调和,是叠做石景最理想的石料。石的纹理有蔗渣、小皱、大皱和斧劈几种,蔗渣纹为平行线束,纹理细致,宜作峭峰;小皱"窍穴千百",宜作小峰石及峰顶石等;大皱和斧劈纹理古朴,取材较易,宜作大面积的石壁、岩洞的倒悬石及峰峦的下部等。

2)**湖石**。湖石并非产自太湖,而是粤人对用于庭园中石灰岩石的统称,以其形貌类似太湖石也。湖石有青灰色和灰白色两种,出肇庆一带者较佳,佛山南海附近亦有出产,虽有弹窝,但洞眼不多,古朴有余,玲珑不足,宜用作壁山及岩洞石料。

3)**山石**。山石即花岗岩石。潮汕一带,因缺乏英石和湖石,就地取材,利用山边水际尚保持着天然表面的石块,虽欠纹理,但垒筑起来形体沉实,被以苍苔藤蔓,另有一种古朴浑厚的风格。

4)**珊瑚石**。珊瑚石出自滨海地区海中,当地人称为"碱水石",为一种珊瑚类的骨骼,色灰白,状若菊花、蜂窠或牛百叶等纹状,质较轻松,虽便于运送和造型,但须用部分坚石做骨架。东莞可园的壁山是用这种拳状珊瑚石堆叠的,苍古自然,效果别致,可能是国内仅有的例子。

5)**石乳**。石乳质轻多微孔,能吸水上升,对栽培花卉甚有利,但石质欠坚,兼之取材不易,只能作小景或散点石,以及贴砌洞内之用。

6)**贫铁矿石**。贫铁矿石广东随处皆有,凡没有英石或湖石可用的地方,都可以就地取材,质坚硬,土赭色,形格苍劲。新会城圭峰招待所、惠州西湖及汕头中山公园等处,有不少石组是利用这种石料堆叠的,效果还好,但只适于陆地布置,因锈水时封水面,故不宜置池中。

2.构筑技巧

石景构筑的过程，可分为下列几个步骤。

（1）塑模。过去筑山，正如李笠翁所说"大半皆无成局，犹之以文作文，逐段滋生者耳"。其实水石景的设计，在图纸上只能拟出大致的范围及高低轮廓，至于具体的造型和山径的穿岩越洞等，则事先必须做出模型。根据模型按比例来施工，石山匠师就有了全盘的观念，对整体的造型，心中更为有数，而不致再"逐段滋生"了。

模型的做法：在板上先将房舍和水岸线的平面放样，比例要看水石景的规模，一般为 1/40～1/20，按设计标高在板上垫砖瓦块，做好池底和房屋内外的地势，并抹水泥砂浆或石膏；然后按石景造型的要求，用同样的比例塑做石景模型，以竹条木片、长钉铅线和砖碎瓦块等为骨架，适当塑度的水泥石灰砂浆（1：1：4）为表材塑料（石膏或桐油灰亦可），由下而上、由里而表地塑成石景模型。

（2）立基。根据模型对各石组的结构支承、石组重量（约 200kg/m^3）以及各支点的地质情况估计，从而决定基础的结构类型。如主峰的受支承载荷较重，土质又较差，则须考虑用桩基，以免稍有走动，影响整座石景；劈峰一般负重不大，尽可用天然基础。立基先在基底脚石竖铁条，裹以顽石，并灌水泥砂浆，干透后即可进行上部叠砌。

（3）构筑法。岭南石景构筑，基本上有三种不同的方法，但根据调查，采用混合方式来进行的亦属不少，如潮阳西园的壁山就是这种例子。

1）叠砌法。构筑与北方的"堆秀"、江南的掇山相类似，主要是配合堆垒法及塑山法来运用。

2）堆垒法。主要运用大块天然山石，由于石体笨重，处置困难，只能以起重方法来垒筑，很难执石端详、细致砌叠。堆垒筑山流行于潮州地区。

3）塑山法。这种筑山技巧在广州和粤中地区最为普遍，主要运用"石塑"的做法，而上述的"叠砌法"只是作为辅助手段。它的特点是按石景的造型要求，用砖块或顽石裹铁条做坯（骨架），然后用具有自然纹理的石皮贴在骨架上面，随意造型，不受石块的限制，因此，才会产生上节所述的诸多"名堂"。技法有些像塑做"泥公仔"，不过泥塑是用灰胶作表材涂在模坯上，而"塑山"则运用石块连接。

3. 石塑操作

"石塑"是粤中地区特有的筑山技艺，做法有以下两种。

（1）**对纹**。塑做石景，在体型较大部分，应先用顽石或砖块裹铁条做坯，再在外面贴上有天然纹理的石皮。表面石皮的贴法：先将石皮安置于适合部位，以铅线拴束在铁条上，在骨架和石皮的空隙间填塞1：3的水泥砂浆，干透后将露面的铅线剪去，石皮即贴牢在骨架上。如石景形体不大，则无须用砖石裹铁条，石皮即可直接挂于铁条上，填塞砂浆，干后剪线如前法。剪线后，用灰砂浆调成与石面一致的颜色，按石皮纹理来整理石缝，使石景表面的气氛自然完整。

石皮的选择应注意纹理和色泽，前后左右及上下各部位都要取得协调均匀，顺着石面纹理的斜、正、纵、横理路，不要交错乱势；细纹与粗纹（如英石的小皱与大皱）不要截然分开，应逐渐由粗而细，石的色泽也是浓淡相宜逐渐退晕。对纹是全部使用具有天然纹理的石皮做表面材料，工作细致，要求严格，但是效果也较好。

（2）**绚纹**。在天然石皮缺少时，石景可以全部用顽石塑叠，贴皮填塞和剪线一切如前法，之后即进入"绚纹"阶段。所谓绚纹，是先用灰浆填修缝隙，或局部塑补石形之不足，或塑做石面的纹理，使周围的石块生势和纹理取得自然完整；其次将石景浇至湿透，用水泥掺少许乌烟调成石色的粉末洒粘石面，使各色石块和灰缝种种不同的色调被粉末盖上，颜色取得一致，并可遮蔽原来的斧凿痕迹，成为色泽均匀和姿态美好的石景轮廓。这种绚纹做法，在运用"塑"的比重上更大，缺点是缺乏天然石皮的纹理和色调，自然质感也差，但造型则可更加随意，取材方便，施工困难亦较少，宜于作为远眺的石景。

4. 叠峰石

峰石和一般山峰的含义不同，它只是一块峰形山石，是石景的主要组成部分，并非一座具体的山峰。峰石的组成可分为峰脚、峰身和峰顶三部分。

（1）**峰脚**。用大块顽石，以水泥砂浆裹铁条埋入土中，地下铁条横放，位置最好与脚石和峰顶岩石重心在同一垂直线上。从脚石伸出竖立的铁条，位置因峰身的造型而定。峰石附近地面要散理一些小峦石，使峰石不致孤立呆板。

（2）**峰身**。峰身为峰石的主体，造型要有"拳曲飞舞"之势，有动的姿态。峰身一般由岩、壁、台、洞、穴等几种构件组成，只要将这些构件运用得宜，自能收到"拳曲飞舞"的效果。峰身最忌叠成圆柱形，如桂林月牙楼的山石支柱和新会城圭峰招待所越湖小厅的临水石柱，石景就显得呆板而又缺乏自然意态。

峰身造型要注意打破圆形截面，分层交替在不同方向，凸出石台，并在台的上下连以岩、壁等，这样便会使得峰身有"拳曲"姿势。峰身由下而上叠做时，随着造型需要，铁条也逐段偏心接驳。岩石除了靠水泥砂浆黏合牢固外，还须用"趸后石"来平衡悬空重量，所谓"悬岩使其后坚"是一切大小石景最重要的构造原理。此外，由壁接台或由台接壁、接缝都要做在阴角处，避免直转角而又须砌得自然。在台上一般设有小穴，以便贮土栽植，潮阳西园的壁山在各处石台上藏着许许多多瓦缸、瓦筒，既可栽花草，亦可减轻石山的重量，是颇可取的一个实例。

（3）**峰顶**。峰顶做法有两种形式，一种为笋形峰顶（亦称鸟形），顶较尖削，如笋像鸟，由一台和一小顶石组成；另一种为云头峰顶（亦称兽形），即一般所谓"云头雨脚"，造型上大下小。它的叠法，如《园冶》中所说，"须得两三大石压封顶。须知平衡法"。

由于峰顶石势要有飘逸的动态，顶石外伸部分须具趸后重量，才能维持峰石平衡。其构筑方法大致分为几个步骤：a.在峰身接上来的铁条扎"虾手铁"，虾手铁前端一般伸出几十厘米，以不超过1m为适宜，后端约留

30cm 压在茛后石下面；b. 在峰身的顶面上放置茛后石；c. 在虾手铁下面用铅线挂吊下悬的岩石，岩石要选有下垂形状及大皱纹的石皮，随后用水泥砂浆填缝待干透后剪线；d. 将石台拴虾手铁上，其余手续如前法；e. 在虾手铁上面砌封顶石。

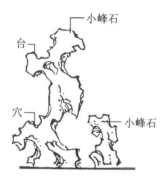

笋形峰石结构示意

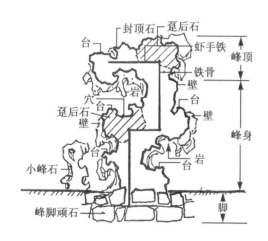

云头雨脚结构示意

云头峰顶结构示意

5. 筑洞

较大型的石景少不了有洞，而山洞的构筑，由于"塑山"方法是以铁条为骨架，表面贴石，可以随意造型，且洞的大小不受限制。洞的结构实则像房子一样，有柱、有壁、有顶盖，不过这些柱和壁以及上盖是用石皮拼贴，结合石景的自然山势，做成不规则的外貌。山洞可以分为单洞及复洞，下面分述洞的几种类型。

（1）**单洞**。最简单为三柱型的单洞，如"狮子滚绣球"石景的山洞，是以左右劈峰和绣球作为支柱，主峰比拟狮头作为洞的"上盖"而构成一个大洞。

（2）**洞上洞**。如广州逢源北街的"风云际会"石景，由于石梯、石径离合交错，或上或下，这就自然而然地使得梯径作为柱和壁以及上盖，从而构成洞上有洞的复洞形式。

（3）**洞内洞**。如泮溪酒家的壁山，在"梯廊"（爬山廊）下面的大洞内还有一个龛式小洞，这种做法亦即所谓"单口洞"，构成洞内有洞。

山洞高度与整座石景高度相比，虽没有一定限制，但可以参考下列的比例数字（单位：m）：

石景高： 4.5 5.5 6.5 7.5～8

洞 高： 2.0 2.5 3.0 3.5

如果洞高山低，看起来像一张石桌，会觉得平矮失真；洞小山高，从造型要求来说是可以的，但洞顶峰石过高，荷载太重，结构上会带来一些困难。筑洞大致分为下列几个步骤：a. 构筑支点，但是造型不能像几根柱子，一般是三峰石的劈峰或者作壁状；b. 在支点上扎虾手铁；c. 挂吊钟乳，要选择有滴乳状的大皴纹英石或石乳等，以铅线捆扎倒悬虾手铁之下，仰望有天然洞内石钟乳之感；d. 在虾手铁上面用水泥砂浆坐砌大石块，使钟乳、虾手铁和石块固结成整体，如洞上叠峰，须预先竖立峰铁；e. 继续用石皮拼贴洞的表里各部分。

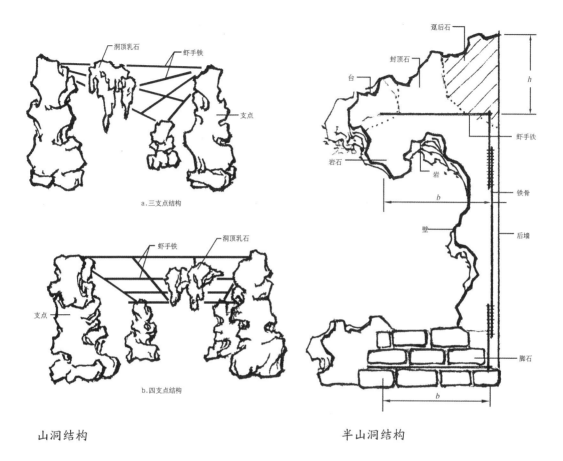

山洞结构　　　　　　　　　　　　　　　　半山洞结构

6. 砌岩

山石下悬为岩，除结合石山组成外，尚有下列几种做法。

（1）**岩岸**。临水砌悬岩低垂水面，将水线退入岩下，岩边会显得曲折深远。水岸有垂直或斜坡形式，所以岩岸的构筑处理也就不同。

1）**垂直水岸**。当建筑外墙临池，水岸又是垂直而无余地修筑池旁小径时，可采用下列方法：a. 贴外墙砌做后座墙和前支柱（离后座墙 1～1.2m，间距 2～3m）；b. 在前支柱架前梁（用石条、钢筋混凝土梁或型钢旧料均可）；c. 在后座墙与前梁之上扎横铁条，飘出长度不宜超过 1m；d. 在横铁上铺砌条石，作为悬岩的重量平衡，同时亦为石径；e. 如悬岩之上有峰石高度为 h，则须沿墙叠筑葩后石组，其高度为（2.5～3）h，岩石和台石的总高约为 0.5h。

2）**斜坡水岸**。如池岸为斜坡，前支柱须叠成峰石形体，前梁及横铁塑成拳曲石势，横铁伸至堎后石以取得平衡。

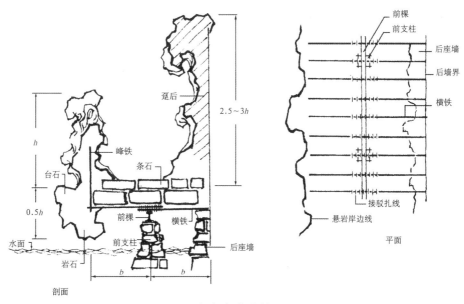

垂直岩岸结构

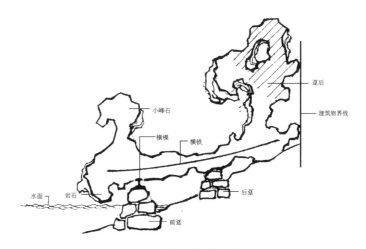

斜坡岩岸结构

（2）**洞岩**。沿壁砌岩，如《园冶》中所说"起脚宜小，渐理渐大，及高，使其后坚能悬"，这和叠峰岩的道理是一致的，不过岩石的横面较宽些，成为一个"半山洞"的形式。悬岩飘出愈多，愈要注意结构平衡和趸后重量。趸后石高度（h）大约与飘出的深度相等，深度（b）则大致和脚铁长度相同，b 值一般为 $1 \sim 2m$。岩石的悬吊法和山洞一样，用铅线拴束倒挂于虾手铁下，然后灌水泥砂浆及坐砌趸后顶石，使其固结为一个整体。

石景构筑除上述几种外，还有石梯、石径和石梁（飞梁或悬嶝）等。石梯径如泮溪酒家壁山的石梯级和西关逢源北街园中"风云际会"石景的"龙"（石梯径）；石梁如潮阳西园壁山"潭影"之上的悬嶝。这些结构，大致都是运用上述各种基本技法，这里就不再赘述了。

九、庭木花草

庭园的空间结构，除建筑和水石外，绿化更是主要的组成部分。水石与建筑，只能构成庭园的一个大体轮廓，其中许许多多局部空间，还须安排一些景物来填充，才能成为完整的构图。庭园中如果缺少绿化，便会显得平板呆滞，枯燥乏味，并且欠缺自然清新的韵味，因此庭木花草的配植就成为这方面最有效的手段。从庭园本身的特点出发，对于配植要考虑下面一些因素。

观赏栽植的特点

庭园花木栽植，与大片自然林木或是专门经营的花圃、果园有所不同，栽花植树当然离不开生产，但庭园花木的"观赏"功能，却是一个不能忽略的因素。如果从观赏的角度看来，首先要明确庭园花木所起的作用和特点。

1. 庭园绿化空间结构

庭木花草的本身就属于自然景物，体型不论大小，都具有完整的独立构图。按景物空间组合整体的需要，可以单株，也可成丛运用，和水石及建筑的位置关系也是参差交错，极为自由，不像水石建筑受到一定体型规律的限制。

花木不仅可以作为景物空间的前景、背景，而且可以隐蔽某些瑕疵。例如，在墙角前面，为了减少角隅的生硬和单调，增加空间层次，配植几竿修竹，使整个角隅从地面以至檐际都处在翠竹后面，成为背景，而竹则作为前景，动静相间，互为掩映。花木树丛也可作为背景，如果在立石后面栽植一丛茂密的棕竹或金樱子，可使石景富有意境；以黄白花色衬托深沉的山石，更觉空间深远，这是运用色调的对比方法来显出山石的风姿。

亦有运用花木来使景物空间取得参差的对比效果的，如平堤曲岸配植劲挺清秀的水松、落羽杉、水杉等，波平如镜的水面沿岸栽植桃、柳等。另外，运用花木与建筑的交替布置，使亭阁檐窗隐现藏露于花木间，虚实相映。

庭园的空间结构透过花木配植，不但完整统一，丰富多彩，而且随着四时季候、风晨月夕和岁月更迭等影响，它的空间构图也发生着变化，因而园景的空间就产生了动的效果。如《园冶》中所说"夜雨芭蕉，似杂鲛人之泣泪；晓风杨柳，若翻蛮女之纤腰"，就是不一而足的例子。以节序变化、新陈代谢所引起动态效果最显著者，首推岭南的笔管树（大叶榕），初春匝月之内，由青绿而黄，再由黄而赭褐，叶落纷纷，继而嫩芽竞吐，鹅黄新绿，满披树梢，仿佛《扬州画舫录》中描述"珊瑚林"对于四季节序变化所引起的效果，"古木色变，春初时青，未几白，白者苍，绿者碧，碧者黄，黄变赤，赤者紫，皆异艳奇采"。

庭园花木与水石建筑的空间结构是交错参差、互相渗透的，加上自然气象和节序变化等引起的动态效果，使庭园和一般的造型艺术有所不同，它的空间结构具有"掩映"的特点。其间各种景物互为表里，似掩又露，有起有伏，既静又动，构成一个整体的关系。人们惯用"花木掩映""枝影扶疏"等词句来形容庭园的这些特点，因此，花木配植一定要从"掩映"的空间结构来考虑景物间的位置关系、品种形态、比例色调和栽植形象等，否则有如郑元勋所说"草与木不适掩映之容"，庭园就很难收到"日涉成趣"的效果。

2. 概括自然与自然的再现

庭园花木是自然风貌的再现，而不是将自然重复一遍。由于庭园规模有限，布置大片林木是不可能的，只能通过概括和简练的手法，将大自然缩影在有限的庭园空间里反映出来。

（1）环境衬托的运用。一般庭园中所谓的"林"，和山林根本是两回事。杏林庄的"蕉林夜月"和小山园的"竹林鸟语"，从板画上来看，不过是在庭院的一定范围之内，透过建筑环境衬托，遍植芭蕉或翠竹，使得小中见大，或当暮色朦胧鸟来投林之时，人在这样的比例尺度或环境气氛里，感觉有"林"的联想罢了。

（2）透过绿化反映环境的特征。在大自然中，有些品种适应于某一特定环境，或者有些是在某种自然环境中所常见的，当人们看到这些草木时，便会联想到与此相适应的自然环境。中国庭园花木配植，早就懂得运用这种手法来强调庭园的自然气氛。《园冶》中所谓"梧阴匝地，槐荫当庭，插柳沿堤，栽梅绕屋"，不仅透过花木栽植来再现某种自然环境特征，而且还结合了与建筑的相互关系，岭南庭园绿化也不例外，亦经常运用这些方法。

粤中乡间喜植水松，《粤东笔记》有载："广中凡平堤曲岸，皆列植以为观美"，水松清疏挺秀，可以说是珠江三角洲河溽堤畔常见的树木。佛山群星草堂、大良清晖园和楚香园等沿池岸多配植水松，最能衬托出水域风貌的特征。

山间溪涧，绵远逶迤，夹岸幽篁，青翠欲滴，所谓"看竹溪湾"，构图上互相映带。庭园的水石局，配植一些崖州竹，会使山溪水型的主题更易突出。如樟林西塘，在溪畔傍石栽植三两竿竹和棕竹丛，天然野致，颇有"水竹幽居"的画意。

岗上长松，是很普遍的自然现象。群星草堂于"墩山"上植山松（马尾松）三两株，苍劲古拙，使"平岗小坡"一景的气氛更加突出。

湖泊地区的洲渚水岸，到处有渚花芦苇的景观，《园冶》中所谓"江干湖畔，深柳疏芦之际"，在洲渚水石局势中，最宜配柳和荫（荻芦竹），特别是粤中的银丝荫最为美观。

阶前庭木，传统多配植槐树、梧桐或者玉兰、金桂等名贵花木，取其"金玉满堂"的吉祥意义。岭南一带则喜植香花，如白兰、黄兰、荷花玉兰、米仔兰和桂花之类，更能突出厅堂的人工雕琢与瑰丽精美。

景 栽

庭园中的配植是人工与自然的结合关系，使植物与水石建筑互相联系、互相影响，从而互相辉映，使得风致增色，构成园景为一个有机的整体。因此，配植上需要对植物的品种、性质、形态等有所了解，才能运用灵活，配合适宜。

1. 配植材料与选择的因素

植物品种繁多，特别是在岭南，由于气候温暖，雨量充沛，真是"长年花不谢，四季绿苍葱"，除原来的乡土树外，还有一些适宜在北方栽培的花木（如银杏、玉兰、蜡梅等）和外来引种树木。下面所提及的，只限于岭南旧庭园的绿化品种。庭园中配植花木，应根据栽植环境的要求、空间结构的需要等来进行选择，才能收到预期的效果。

（1）**植物的习性**。植物对阳光的宜阴宜阳，温度的耐寒耐热，湿度的喜燥喜湿，以及当肥当瘠、地下水位和土壤等都有不同的要求。有喜卑湿荫蔽的，有喜高亢向阳的，亦有品种宜密植成丛，或宜株距疏阔，深根者可以栽于地下水位较低之处，而根浅者则宜植于水位较高的地方。

至于土壤关系，则与品种更为密切，但庭园中如果培植范围不广而又实属必要时，可代以"客土"来处理。例如梅，性喜向阳和肥沃砂质土壤，排水又须畅通，最好栽于倾斜之地，不适宜直接临池或无水源的石山；水松宜于水边，最好为有潮水涨落的平堤曲岸，即不适应干燥，树头如长期受浸亦会死去；山松喜高亢向阳的岗头，不适宜于低温之地；茶花宜植阴处，过于暴露向阳就生长不好。总之，植物的习性极其复杂，因而配植要结合庭园的布局，创造适应某些品种生长的环境，或者根据具体环境选择宜于生长的植物。

（2）**生长状况**。植物的生长多式多样，有些品种生长迅快，适合于新辟园地或急于见绿化的地方，《园冶》中所谓"新筑易乎开基，只可栽杨移竹"，就是因为杨树和竹是快速生长的意思。

配景有时要求与环境取得一定的构图比例，如立石旁就得选用九里香、南天竺、罗汉松、棕竹等，这些都是生长迟缓的花木，能够与石景在较长时期维持一定的比例。有些树木前期生长较慢，后期则发展迅速，如榕树（细叶榕）、水翁、蒲桃等，初时可能绿荫效果不佳，须间植些如白千层、木麻黄之类的快速生长树，俟后逐渐将其淘汰。白千层等还有另一种好处，因生长迅速，可利用其作防晒树或屏障树，树冠密度较少，不致妨碍理想树木的生长，与北方杨树实系异曲同工。当然，竹在这方面也是理想的材料，有散生与丛生之别，庭园中应选用丛生的品种，不然遍地散蔓，就难于收拾。

另外，有些品种幼时和成长后迥然两样，如九里香、米仔兰等，原是灌木，但后来长成小乔木。又如馒头郎（薜荔），幼时以气根附生石上，叶小而薄，及至成长则藤粗叶厚，枝茎直立，满盖石面，难收"隐约"的效果。因此配植之间，对拟栽花木的生长情况要充分掌握，否则过了一段时期才发觉与原来意图不相符合，就不免废时失事了。

（3）**形态及色彩**。除植物的习性及生长状况以外，还须对其形态能否合乎景物造型的要求，及其各部分（树冠、枝干等）是否在空间关系上与其他景物配合等有所了解。例如，拟构成石隙间虬根盘屈之"盘"的空间关系，就得选择如榕树之类根浅而又多根的植物，深根的品种便达不到这种效果。要构成低丫拂水之"拂"的空间，就得选择柳、蒲桃、凤凰木和台湾相思之类的枝条柔软或下垂的树木，枝干向上生长如刺桐、银桦等就适得其反。另外，茶花、金桂等名贵花木，只可作立石、散石的衬景，如配植石山，反而会形成尴尬不自然的气氛。植物的形态与色彩，从观赏角度可以概括为下列几方面。

1）树冠。树冠是复杂绿色的集合体，其色调受叶色的支配，枝叶疏密也有一定影响，且形状以种别各异，可远辨树类的特征。如垂柏为圆柱形，针松、桧柏、人心果为圆锥形，南洋杉为塔形，竹类及木麻黄等为尖顶形，棕榈科多为伞形，凤眼果（苹婆）、樟树、石栗为半球形，荔枝、龙眼为球形，榕树、楹树、苦楝树、乌柏为伞形等。

由于树冠占据树木体型的大部分，并且随着季候的关系而变化，自春入夏，由黄绿、赤橙而浓绿，秋后渐衰退，景观也因此另有一番变换。至于形态变化，一方面由于树龄增加，从根到叶各部变态，色泽也由浅而转深；另一方面则透过新陈代谢，因过程缓急的不同，大致可归纳为常绿树、落叶树、间于常绿和落叶树之间三种。

①常绿树（包括针叶及常绿阔叶树），它的新陈代谢过程是逐渐进行的，界线划分不甚显著。

②落叶树，经冬落叶，脱落之前，有些品种（如乌柏、枫树、大花紫薇、番石榴等）有一段萎黄时期，观赏上所谓"秋高红叶"，岭南因气候关系，红叶不太"鲜丽如醉"，但初春橙红色的荔枝新叶则甚别致。

③间于常绿与落叶树之间，其新陈代谢非常显著和迅速，如前面所提及的笔管树，由青而黄，由叶落枝裸以至抽芽成荫，匝月间就完成了整个过程，是庭木中颇为奇妙的景象。

结合庭园中配植的景观来看，树冠又有下列几种形态。

①高舒荡漾。如竹、芭蕉、散尾葵、大王椰子之类,特别是芭蕉的树冠,《粤东笔记》有云:"风动则小扇大旗,荡漾翻空,清凉失暑,其色映空皆绿",正是这种形态的写景。

②茂密婆娑。如榕树、乌榄、香樟、苹婆等树冠,枝叶婆娑,绿荫覆地,榕树成长后则气根垂长,广荫亩地。

③清疏洒脱。水松、山松、璎珞柏、白兰、台湾相思、木麻黄、细叶桉等树冠,枝叶交相掩映,有萧疏雅逸的姿态。

2)枝干。 植物枝干,幼时为绿色,随年龄递增,色调逐渐改变,一般多呈褐色,愈老愈臻苍古。亦有以品种而互殊,如竹为翠绿,梧桐色青,柠檬桉色灰白,紫薇茶灰色,山松褐色,银杏灰褐色等。至于形态,因树种而异趣,唯针叶树的干则多挺直。树皮裂纹,即使是同一种树,亦以年

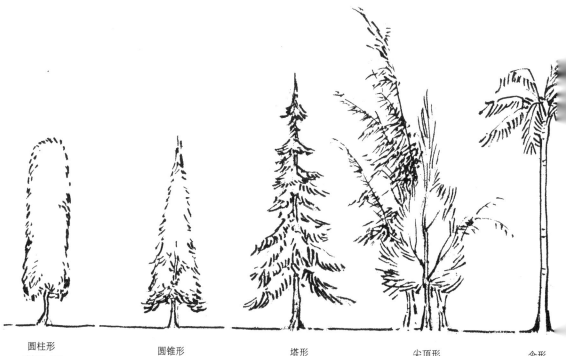

圆柱形　　　　　圆锥形　　　　　塔形　　　　　尖顶形　　　　　伞形
垂柏5m高　　　针松4～5m高　　　南洋杉18～20m高　竹3～10m高　　假槟榔15m
　　　　　　　　　　　　　　　　　　　　　　　　木麻黄15m高　大王椰子20m

树冠特征

龄而互殊，幼时类皆平滑，渐即龟裂，有继裂、横裂、方形、矩形等纹状。枝条形状，实是曲直两线的变化，为波状，为蛇形，或先仰后俯，或先俯后仰，分枝角度亦各异，且以树龄增加而变态。干之垂直者经年而根耸，枝之端挺者积岁而屈曲，枝干的形态与色彩最为影响美观，园景配植上可以归纳为下列类型。

①修直型。如竹竿直立，叶枝簇生节间，疏密有度，"翠筱千竿滴润"，形与色兼美；其他如假槟榔、鱼尾葵、大王椰子等，树干灰褐色，"调直亭亭，千百若一"，叶聚树端，碧绿映空。

②挺秀型。如梧桐修柯长枝，干皮润滑，绿如翠玉；水松枝干耸秀，"苍皮玉骨"，别饶风趣。

③劲拔型。如木棉、人面子、银杏等，树干高耸挺立，枝丫粗壮。

④虬劲型。苍松虬结，古柏龙蟠，苍劲而有动态，如榕树、水翁等枝干横空怒出，富有力感。另外，如老梅横斜疏瘦，鸡蛋花圆浑有力，榼枝天矫曲垂，都是配景最理想的形态。

3）根。根蔓隆起地面或附岩石，盘屈相纠，蟠曲如龙，如榕树、榄树、人面子等，根姿奇趣。

4）叶。叶有单复、大小之别，形状有针、披针、卵、椭圆、匙、心、倒卵、

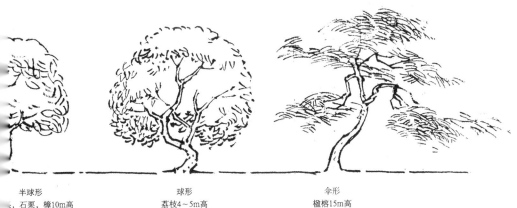

半球形
石栗，樟10m高

球形
荔枝4～5m高

伞形
榼榕15m高

倒心、盾等之分，至若叶尖、叶缘和基部亦互殊，形形色色，各异其趣。叶为树冠的主要构成部分，观赏上除叶形外，叶色更为重要。如表里颜色、光泽、新绿、红叶等，尤其洒金榕（变叶木）的叶形、叶色变化多端，叶一般幼时色淡，年长渐浓，质亦较坚，色调的变化，虽同一树种，同一节令，亦以年龄异致。同时还因叶质厚薄和所在地位的光线关系影响叶色，如叶之透光者呈黄绿色，受光线直射者绿色，在阴处者浓绿色，荫蔽之下者深青绿色等。

5）花。赏花一词，具体来说包括花色、花香和花姿的欣赏。所谓花姿，应指花朵大、形态美或者千叶重瓣等。花一般白色多带香，色艳常缺香，花大色艳但少香。花，最好三者兼备，如荷花、玉兰、莲花等，实为花中的佼佼者。前人有云："梅花优于香，桃花优于色，若荔枝无好花，牡丹无美实"，正是对不得兼者的叹惜之意。花的观赏，从配景角度可概括为赏色、赏香和色香并佳三种。

①花色。花的色调可概括为三种：a.绚烂眩耀，如木棉、刺桐、红花楹、炮仗花等；b.明媚艳丽，如茶花、桃花、紫薇、木芙蓉、夹竹桃、洋紫荆、宝巾（簕杜鹃）等；c.清新淡雅，如白茶花、梨花、紫藤、千年桐等。品种选择，不仅要看花的色调，还须考虑花期的久暂。

庭园中如要常有一些红色花朵，配植上就得这样安排：冬月——芙蓉、夹竹桃、红梅、圣诞花（一品红），初春——绛桃、炮仗花，春月——刺桐、木棉，春夏间——洋紫荆、红茶花、象牙红（龙牙花），夏月——石榴、龙船花、红莲、红千层、红花楹，夏秋间——紫薇、木槿，秋间——秋海棠（珊瑚藤）、簕杜鹃。夹竹桃、洋紫荆、簕杜鹃等花期甚长，延续数月不凋落，至于大红花（朱槿）则几乎全年着花。

洋紫荆成林栽植，以白花和宫粉红两色最清景，着花时远望，鲜艳不逊桃李。丰丽大型的花卉适宜眺望的远景配植，如松林下遍植杜鹃花更能表现出色彩对比关系，所谓"万绿丛中一点红"，正是眺望远景的配植手法。又如宿根及球根花草中的大丽花，花型大，色丰丽；剑兰（唐菖蒲）花大，色艳盈串，均适于庭前花丛的选用。

②香花。岭南香花品种较多，"广东十香"（白兰、米仔兰、金粟兰、含笑、夜合花、夜来香、茉莉花、素馨花、瑞香、鹰爪花）已早著远名。花香芬芳馥郁，有浓淡之分：清香者如兰花、梅花、玉堂春、米仔兰、水横枝（白蝉）、茉莉花、素馨花、鸡爪兰、姜花、荷花等；浓香者如黄兰、白兰、含笑等；花之入夜放香者，香气尤多浓烈，如夜合花、夜来香、鹰爪花、白素馨、玉簪、姜花等。

③色香并佳。如梅花的一些品种（绿萼梅、朱砂梅、品字梅等）、荷花、玉兰、玫瑰、香豌豆等。

6）果。果实的形与色亦颇美观，庭园中栽培果木，除观赏外，应计及"啖尝"，所以对于品种的选择也要注意。同是荔枝，淮枝比糯米糍或桂味就差得多；同为番石榴，一般的鸡屎果和胭脂红的色、味就大不相同。岭南庭园中的果木，一般以地方特有的品种为多，如荔枝、龙眼、蒲桃、杨桃、黄皮、番石榴、柑橘类、香蕉、木瓜（岭南红果）等，不但树形优美，而且果实累累满树，色彩鲜艳。此外，如洋蒲桃的果色（淡粉红、光亮如蜡）、番荔枝的果形（球或心状圆锥形，由多数圆形的心皮合生而成）等，色丽形美，亦属观赏佳果的品种。

2. 庭园的绿化组织

含义与园艺上所谓"配植型"有些不同，虽然仍是采用孤植、丛植、行植、植林等词语，但在庭园结构中，栽植着重于结合景物来达到意境的要求，因而词语的运用，是就花木和环境的组合形态说明配植的关系。

（1）单株。通常以配植乔木为多，规模较小的庭园，往往一株庭树就得以解决院内绿化，因而最要讲究位置与水石建筑环境的关系。例如，广州清水濠盛宅的水庭（已毁），就池边墙角间植槐树一株，处于参差的几何位置，与建筑取得最远的距离，覆荫似盖，构图如画。在较为开阔的庭园中，所谓单株，可能只是栽植上的位置关系，与其他庭木的距离较为疏远一些，比较有独立的构图，但是仍须注意配植上的整体关系，分中有合，互相照应，形成交相掩映的局面。如楚香园"花径"（小牌坊）前面一株水翁和后面一株龙眼都是单株，但借着清晖园船厅作背景，两株树木由建筑联系起来，互相呼应。

（2）**丛栽**。分为树丛和灌丛，由多株组成，树丛常为三、五、七株一组，灌丛则为茂密的一囤一簇，实则是点植。丛栽在庭园中可以作为增加空间层次的手段，如群星草堂是随着散石布置灌丛，构成庭内景物空间多层次的效果。灌丛由于植物品种不同，构成下面常见的几种形态。

1）**修直整形**。如棕竹、芭蕉和竹类（崖州竹、佛肚竹、黄金间碧玉竹等）。

2）**莽郁蔓交**。如冬红花、簕杜鹃、鹰爪等。

3）**密茂纷郁**。如米仔兰、九里香、山指甲和观音竹等。

丛的组合，除了单纯以一种花木配植外，亦可混交组合，或者灌木与乔木混杂一起。如群星草堂的丛栽，以棕竹为主，每一丛都配一两株杂树，如乌桕、枫杨、构树之类，略带一点儿山野气味，同时也强调了树木阴阳习性的配合。不过，棕竹与乌桕等有些大小悬殊，过于对比，不若配以山丹、杜鹃花等小灌木，更能将棕竹主题鲜明突出。

（3）**行栽**。基本是线状的排植，在庭园中一般要有一定的建筑环境衬托，很少孤立布置，多数沿着建筑物的边缘界线成行栽植。

1）**沿墙列植**。采用小丛沿墙界配植竹或棕竹等，这样可以增加墙面的层次和深度。余荫山房与瑜园在夹墙之间栽竹，作为两园的空间过渡，竿竿排比，摇曳墙头，非常别致。当然沿墙亦可以列树成排，但间距最好不要株株相等，以免陷于呆板。

2）**傍岸栽植**。沿着平堤曲岸，列树成行，所谓"插柳沿堤"，是最普通的配植方法。虽然不一定株株等距，但总是沿着水岸线栽植，如群星草堂水局的水松，以及从石岐清风园图上看到的夹堤栽树，都是这种方式。

3）**苑道配植**。沿径植树，如余荫山房的前院路庭，石径平铺，修篁夹道。这种栽植法，既是沿径，也是沿墙，在墙和径之间，种一行竹来增加空间层次。在较为开朗的局面，苑道一般由花木衬托出来，为行、为丛，布在一侧，两旁或转折之处缀以蒲草（或阶前草）、风雨花（赛番红花）等类，更能显出路形蜿蜒曲折，起映带和导向的作用。《邱园八咏》的"淡白径"及《杏庄题咏》的"桂径通潮"，都是借花木来衬托成"径"的。

（4）**植林**。岭南庭园中不少以林为景物的主题。如小山园的"竹林鸟语"，杏林庄的"蕉林夜月"，可园"擘红小榭"的荔枝林，邱园"淡白径"的梨林，以及从馥荫园图卷看到的一片混交林木。庭园中所谓"林"，大概是成块成片栽植的意思，细察之，则有两种处理手法。

1）小院的"林"。在小规模庭院中，"巧"植几株枝叶婆娑的庭木，主要还须依靠建筑环境的衬托，于观赏时会感染到"林"的气氛。这就要求在一定范围之内，树木占面积的绝大部分，人们从景物面积布置的比例上，觉得树木纷纷，小中见大，并将赏景的位置深藏于林木丛中。例如，西樵山白云洞的山庭，遍坡栽竹，修篁中设"睡绿亭"，外睹千竿万竿、翠筠茂密，加以自然环境的一番点染，当然就会有"林"的感觉。

2）庭园的"林"。在规模较为开朗的局面，"林"是一种有效的处理手法。从馥荫园图卷所见，平面布局有一片"林"，面积与规模都比较大，林中有路径，偏近池塘。一边为乔柯交错的树木，一边却是清空平远的水景，构成鲜明的对比，假若从对岸隔水观望，林的深度会觉得增大，林的感觉也更为突出。邱园"淡白径"的梨林也是运用这种布局手法，《邱园八咏》序言中有载："由梅径而往，右通香国分区处，径中旁植梨花，隔岸又多杨柳"，平面布置是一片梨林，林边为径，径外池塘，隔水为柳岸。从构图和对比的效果来看，这样会觉得"林"的深度更大、更突出，"梨花院落溶溶月，柳絮池塘淡淡风"的意境是不难达到的。

由于植物品种不同，因而"林"相就有许多不同的型，常见有：a.修直型，如蒲葵、芭蕉和竹类等；b.挺劲型，如馥荫园图中所见，大中乔木混交成林，有挺而直的，有虬而劲的；c.交碍型，如桃、梅、荔枝、杨桃、鸡蛋花等小乔木，枝干交错横斜，有在林木间"对面隔树，不通话语"之慨。

配植与环境的空间关系

庭木花草配植，由于所在环境不同，需要选用与景物适当配合得来的品种，充分利用各种植物具有的不同形态，使它们和建筑、石景、水局等构成协调的空间关系，从而显示出不同景致。

1. 配植与建筑

配植与建筑所形成的空间，主要因彼此之间位置不同而趣味各异，通常为下面几种关系。

（1）**掩映**。庭园中透过花木来窥探建筑物，会觉得层次重叠，掩映参差，呆板滞局顿时消失。厅堂阶前，一般采用均齐对称的平庭布置，庭木亦多依古法对偶配植，常为槐榆、梧桐之类，亦有白皮松和玉兰等，岭南则以白兰、荷花玉兰、米仔兰、丹桂等香花的庭木为多。在较为开阔的平庭局面，多是采用大小乔木，杂植成丛，使平庭空间透过高低疏密的庭木，显出"竹木扶疏，交相掩映"的姿态，如清晖园中船厅和惜阴书屋所构成的平庭，就是运用这种处理手法。

（2）**半藏半露**。庭园建筑一般采用分散布局，连以回廊曲院，花木与建筑往往是互换交替布置，位置关系则或前遮、或后拥，而建筑与建筑之间常配植一两丛花木，作为空间过渡，使庭园的整体轮廓半藏半露，更多变化，富于"亭阁参差半有无，溪云浦树隐模糊"的意境。从馥荫园图卷和《杏庄题咏》中板画所见建筑和树丛的布局，参差错落，互为表里，正是这种空间关系。

（3）**隐藏**。将建筑隐藏在绿荫深处，"黯默静穆，炎日生凉"，这种布势，最简易的办法是将亭榭等隐藏在竹林中。由于竹竿修直，根和树冠都占位不多，配植时所受限制不大，易于把小型建筑物藏起来。从《拙政园图册》所见"深净亭"和《扬州画舫录》中载瘦西湖的"青琅玕馆"，都是藏在竹林之内，这种处理手法，在中国庭园中自是由来已久了。广州花地杏林庄的"竹亭烟雨"（已毁）和西樵山白云洞山庭的"唾绿亭"两景，都是取这种布势，《杏庄题咏》中有载："结构深篁处，亭前竹万竿，淡烟笼叶底，疏雨出林端"，正好说明所达到的境界。

（4）映带。有时为了突出长廊逶迤，或者小径蜿蜒的形态，循着长廊或路径的一侧或两旁配植崖州竹等类，会显得廊径迤迁而长，竹修整而直，互相映带。如广州纯阳观山庭的爬山廊外侧，沿廊砌花基栽竹；北园酒家南院的苑道两旁，竹丛罗列，均收到"修竹映带"的效果。

（5）木末。为了强调楼阁高峻，绕屋配植一些中小乔木，不高不矮，树梢仅及栏杆或窗槛之间，登楼眺望，但见树梢木末，和地面隔了一层树冠，因而层次增加，愈觉楼台高耸。邱园"绛雪楼"题咏中有"木末起高楼，楼高梦凉月"之句，人们登楼时便会感到仿佛云树烟波，凭栏可接。另外，在下仰视，楼阁的上层像给树梢掩映摇曳，相对的动态会令人有"架屋蜿蜒于木末"的感觉。

（6）树麓。林下树麓，布置小亭一方或者石桌凳之类建筑小品，对比之下会显得树势高耸，使人感到盘桓于参天古木之下。如群星草堂的岗上植山松，下设石台石和几凳，有如《园冶》中所谓"苍松蟠郁之麓"的意境。木末与树麓所构成的空间关系相反，在感觉上，前者要求予人们以树矮楼高的印象，后者则为树高而物渺小，其实只是适当地运用物物之间的不同比例尺度得出来的对比效果罢了。

2. 配植与石景

庭园石景多由人工构筑，不少斧凿砌作的痕迹，需要经过得宜的绿化配衬方能掩饰，构成更完美的景致。由于石景造型是山水的片段或一角落，因而配植上构图的比例尺度要与石景本身取得一致，才不失自然真趣。配植所选用的品种，除具有生长迟缓的特性之外，还须注意它的形态，即植物在自然环境中原来的生长形状。《长物志》中有"结为马远之敧斜诘屈，郭熙之露顶张拳，刘松年之偃亚层迭，盛子昭之拖拽轩翥等状"，所指虽是盆玩，但假山树木是盆栽的放大，是自然的缩小，实亦类似。石景配植所构成的空间关系，有下列几种。

（1）**被盖**。石景不免有斧凿痕迹，唯天然石山总会附生一些植物，因此在石景上覆一层苔藓藤蔓之类，既可遮蔽石缝，又能增加自然风趣。如西塘的假山披以薜荔，群星草堂的立石覆以气兰，而可园的狮形石景则结合造型被以吉祥草、硬叶吊兰等，恰似狮子项鬣，使得石面在花草被覆之下隐约可见，显得"苍藓鳞皴"，根须垂长，生态盎然。

（2）**盘曲**。利用树根将石景盘绕，好像石下还藏着一片岩层，树生于岩上，而树根所缠绕的只是岩石露出部分。有时虽然树大石小，但感觉仍有岩石余势，相形之下，亦能小中见大。例如，大良某园的石景，为老榕所缠绕，根若龙蛇，盘屈纠结，意态古拙。

（3）**倚傍**。配植立石，通常以九里香、罗汉松、紫薇等作倚傍之势。由于石静树动，互相对比映带，使两者不同的性格更为突出，而景物的整体构图又显得丰富多彩。九里香等花木生长比较迟缓，比例适宜，形态苍劲，在空间结构上和立石容易取得协调，从而衬托出"一峰则太华千寻"的效果。

（4）**插出**。危岩石隙间，乔柯横屹，兀峰挺劲，这种"插出"产生了构图上的庄严安定之感，景致平添。如西塘石山北麓，悬崖临水，半壁间插出老榕一株，安插得体，妙在斜出。《园冶》中所谓"乔木参差山腰，蟠根嵌石"，正是这种空间关系的示意。

（5）**偃卧**。柯干偃卧石上，虬曲若龙蛇蟠踞，如广州纯阳观山庭中有老鸡蛋花一株，偃卧石上，树冠外飘，樛曲倒悬，圆浑古劲，意态如画。

（6）**悬崖**。壁型石景倒挂"悬崖"几枝，更会突出峭壁矗立的气势。崖壁挂植困难，较易配植一些剑花（量天尺）和蕨类植物，亦能突出峭壁倒悬生态的特征。潮阳西园的壁山就是采取这种配植办法。

（7）**遮棚**。为了扩大岩石盘郁、山势深厚的效果，配植浓密的灌丛（如棕竹之类）作为背景"拥"在石景后面，石势便不是孤立的，使人联想到灌丛中还有石景的余势，地下还有盘岩石根，意境显得深远。群星草堂的石景，不少采用这种配植手法。

3. 配植与水局

配植上就水局的部位来划分，有水岸、水畔和水面三个方面。水岸以乔木为主，亦有配植以灌丛的，水畔和水面则为水生及能耐湿的植物。常见的空间关系有下列几种。

（1）**披拂**。池岸、桥头配植垂柳或楹树之类，或枝丫向下，或柔条低垂，轻风飘拂，临水纷披，大有逸致。

（2）**横斜**。水岸另一种配植关系，如栽植榕树、水翁和荔枝、鸡蛋花等。前者枝丫雄浑，状若龙蛇，怒出横空；后者柯干苍劲，横斜越水，意态甚佳。

（3）**映带**。亦有运用映带来配植水岸，如沿池栽水松，循溪插粉竹，使澄平如镜的水面、逶迤曲折的浅岸，与挺劲修直的树态取得对比的效果。

（4）**隐约**。水畔配植的主要作用，是使部分岸线被花草遮掩起来，隐隐现现，隐约可见。配植根据水型关系不同，可区分为：a.塘边、池畔，于岸线凹入之处布植风车草、鸢尾之类，姜花、美人蕉等则适宜近水坡际，分组分丛，散落点缀，使岸线收到"芳草池塘"的效果；b.洲渚水型，在堤堰两端与岸线交角处，石洲水畔配植银丝茼和风车草等；c.山溪水局，于水石间栽石菖蒲，溪流岸际可配以鸢尾、茼、箬竹、水横枝等。

（5）**水面**。水中栽植一般以莲、菱等为多，尤以荷花最为人们所喜爱，红莲映绿水，翠碟捧银珠，甚至"留得枯荷听雨声"，对枯叶也可玩赏一番。池中植莲，构图上的主要作用是划破水面单调，使平坦而单调的空间变得有起伏参差之姿，并结合建筑环境，将观赏位置突出，一般采取湖心亭或庋亭水面的布局，如楚香园、清晖园等处的亭榭。荷花往往成为景物的主题，如喻园（九曜园）有"补莲消夏"、邱园有"涵碧亭"、杏树庄有"荷池赏夏"等，其意境一般是将夏日的和风、水上的虚亭和水面的荷花结合起来，取得风凉水冷红莲香的效果。

荷花不宜遍布池中，致令有水等于无水之叹，限制办法可参考昆山正仪顾氏园中荷池，藕置石板底，凿金钱眼穿出叶梗。有些地方采取池底置缸栽莲，如潮州城南书庄的荷池，截面分为两级，池中植藕之处较边缘部分深80cm，可使其不致蔓延滋生。宽豁的水面，肇实（芡实）是配植佳种，叶片大小平铺，疏密自然，大有渔舟星布之象，与荷花并植，收效更大。

4. 绿化添景

所谓添景，主要是从建筑角度出发，即有些建筑须与绿化密切结合，才能成为一个整体。如绿廊、篱屏之类，以及草丛、绿茵等，因其配植关系有赖于建筑环境的衬托，而构成完整的景物空间。

（1）**绿廊**。绿廊是花棚架绿化建筑的总称，包括花棚、花架或花廊。三者在性质和处理上基本相同，只是平面形状有别；前者近方形或矩形，而后者为长条形，状似回廊，不过"顶盖"是运用绿化来处理。

1）**花棚**。花棚通常接在花厅或小厅前面。余荫山房和西塘都是这样，亦有独立处理的，从清风园图也可看到临水小筑之旁设有花棚。花棚和建筑结合在一起，有时还可成为景物的主题，如邱园的"紫藤华馆"，据当时画家居廉的诗句有载："筑馆藤花下，春阴紫雾融，柔条牵细雨，嫩叶袅微风。影落胡床下，香流叶架中，雄蜂约雌蝶，晒粉入芳丛。"把花棚和建筑的关系，花棚造型与花香、色、影，以至蜂蝶穿插等，都从画人的观察中反映出来。

2）**花架或花廊**。可园设花架由桥头通至可舟部分，逶迤曲折，基本上和虚廊类似，只是结合绿化一起，造型不同。小画舫斋船厅，沿着外檐台基布置花架，好像一道复廊，取得互相映带的效果。

（2）**篱屏**。小画舫斋船厅的前廊西端，以铁枝花作屏，中设圆门洞，周围攀绕紫藤，把绿化和装修结合在一起，像一幅绿色的"洞罩"。另有一种别致的做法，如邱园的"壁花轩"，植花四围，前后间以帘屏，榜曰"壁花"。其设计意念是借疏帘作衬底，使外间花木轮廓透过阳光或月色，在帘上掩映显现，像一幅"影壁"。

轩为画舫式，夏日荷花映帘，仿佛舟泊莲塘水岸，使人联想处于清幽雅静的境界，暑气顿消，这是运用环境特征的衬托手法，结合建筑装修来布置。此外，以棚架和篱屏组织在一起，将建筑遮盖，如大良某处内院，在小楼后面设一幅大篱屏与露台上的花棚连为一体，植葡萄攀缘，有"浓阴铺屋瓦，余绿映窗纱"的效果。

绿廊、篱屏的配植，运用攀缘植物和构造结合，使绿化与建筑扭在一起，有如装修中的各款"间竹洞罩"。篱屏的关系属垂直绿化，起空间分隔作用，像一幅满插鲜花的墙壁；而绿廊则像前卷或虚廊遍布藤蔓，起空间约束和过渡作用，除此而外，都具有遮阳的效果。常见栽植品种有炮仗花、紫藤、凌霄、鸡蛋果、葡萄、金银花、夜来香、秋海棠等，亦可选用毛茉莉和簕杜鹃。至于墙壁垂直绿化，须选用具有气根或吸盘状卷须的攀缘植物，如爬山虎等类。

（3）**花台及其他**。花台、花栏、花基、荷池等，均是平庭中的点缀物，主要作用是将一些名贵花木的栽植位置突出，同时亦可打破一式平坦的局面，做成有少许起伏之势。

花台以砖石砌做或乱石堆围，如栽竹多靠墙设置，茶花及丹桂等则独立构筑。花基的主要用途为放置盆花、盆玩，一般矮栏式砌造，沿内院檐下或苑道两旁修筑，曲折随路径，有时亦起花栏或路径收口作用。偶有采用绿篱，多以山指甲和观音竹为材料。至于荷花池，多置于平庭当中，强调与厅堂的对景作用，除凸出地面砌造外，亦有挖地为之。

（4）**草丛和绿茵**。水边配植草丛，如对品种选择得宜，是突出水型的一种有效方法，上面已经分别叙述。至于苑道两旁或转折处配以草丛，不但观赏上是"添景"，还有起伏、导向等作用，使单调而平直的路径显得活泼有趣。

　　绿茵草地在旧庭园中不常运用，可能这种空间过于开阔，不够曲折深邃，偶或见之，亦是汲取外来手法。泮溪酒家庭园中有以台湾草铺饰的地面，鲜妍翠绿，绵密柔软，确有"如茵"的感受，只是须经常修整维持，颇为费工。

（夏昌世、莫伯治）

广州泮溪酒家

1964年

泮溪酒家位于广州荔湾湖畔，环境优雅，但原有建筑破旧危险，早已停止营业。随着旧城的改造和荔湾的建设，现已将原有建筑物拆除，利用旧料，重新建筑。新建筑基地约 4000 ㎡，建筑面积 2700 ㎡，造价每平方米约 80 元。设计要求如下。

1. 扩大面积

最高营业能力能容 1200 人，同时举行宴会，便于群众性的游览饮宴活动。因此，新建筑要求有开敞的宴会厅堂，合理的交通系统，赏心悦目的庭园绿化和方便宽敞的厨房等。

2. 适当运用中国园林的优秀传统手法

堂榭山池要洋溢着群众喜悦的气氛，富于地方风格。总体布局力求在平易近人中有变化，在朴素淡雅中求精美。与纯粹争奇斗巧以投少数统治阶级所好的旧园林迥然有别。

3. 酒家是荔湾湖的组成部分

在风景线方面，要与荔湾湖结合起来，互相资借，但酒家又是对外营业的餐馆，有本身的经营管理特点。因此，要做到湖光楼影内外渗透，既与湖相通，又与湖分离。

4. 尽量利用地方旧有装修材料

用料方面，既符合节约的原则和勤俭办企业的精神，又可以保存民间流散的建筑工艺精品。

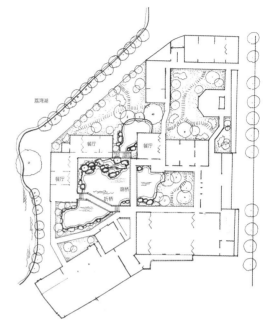

泮溪酒家平面（许哲瑶作）

临街正立面

总体布局与建筑设计意图

建筑基地南北狭长，采取内院分割式的布局，使客座可以尽量南向，厅堂亭榭的平面尺寸考虑了筵席布置的要求。

全园分为厨房、厅堂、山池、别院四个主要部分，各部分之间以游廊联系。顾客流线与输送流线分开，使交通的干扰和交叉减至最低程度。厨房位置较隐蔽，不妨碍园内景观，接近河涌，以利污水排泄和方便运输。

酒家有正门和侧门两个入口，穿过五开间的正门门廊，进入宽阔的门厅。入门对着八幅精美的屏门，格心是蚀刻书法套红色玻璃，镶楠木海棠透雕花边，裙板是楠木博古浮雕。配置套红玻璃天花灯组，使整个门厅洋溢着繁荣和喜悦的气氛。

门厅的左侧，透过镂空花窗，可以看到六开间的宴会大堂，厅堂周围用纹样丰富的斗心格扇和色彩雅丽的套花玻璃窗心组成。厅堂内部西端梢间以木刻钉凸、洋藤贴金花罩作空间分隔。东部梢间则隔以双层海棠透花镶套色花玻璃贴金大花罩，配上简化的富于地方色调的藻井天花，使宴会大厅色调富丽堂皇而不落俗套。

大堂东端有斗心到脚花罩，透过花罩门洞，可以见到小院内的石笋棕竹，如元人小品，另有风致。小院内有阶梯可上门厅屋顶平台，供登临远眺。

大堂北面，通过桂花成丛、峦石起伏的小院，是一列三间的对朝花厅。厅内装修主要是木刻花罩和漏窗，配上淡绿色的通花天花，古雅中有活泼的气息。花厅的西面是水榭，全部用瓦当纹白色玻璃窗，有窗明几净的快感。上述几幢建筑绕以游廊，组成一群属于厅堂性质的院落，占整个酒家人流和输送量的60%以上，位置接近大门和厨房，交通路线较短。

沿水榭前廊西走，出桥廊至山池部分，是全园景致的中心，与厅堂小院间用桥廊作空间分割，层次更多，感觉深远。桥廊两旁，因地势高低开池架山，扩大空间，互相呼应，起落盘旋，耐人寻味。广州架山法和吴中一带不同，以砖石裹铁筋为骨架，然后砌贴英石。砌贴之法，先用铅丝捆英石块于骨架表面，以水泥砂浆灌缝，然后剪去铅丝，整理缝面，使与英石纹理一致。峰峦岩洞，飘悬倒挂，随意造型，不受石块大小牵制。全座石山长约30m，高6～10m不等。石山结合山馆建筑，从桥廊拾级攀登，经爬山廊至山馆楼上，楼西面向荔湾湖，凭栏远眺，烟水空灵，一望无际。楼东南临内院山池，楼内装修精巧，其中窗心格扇的套色花玻璃、斗心、钉凸、木刻花罩等尤为精美，有很高的艺术价值。

经水榭东侧暗廊北行，穿过小院长廊，便是别院部分，由楼厅、船厅、

贵宾餐室墙上郭沫若题赠墨宝

半亭、曲廊组成。别院有侧门通至荔湾湖滨，湖滨设水埗头，供游艇停靠，并有小停车场，可容小汽车10辆。

全园虽然采取内院分割式的布局，但从一个院子过渡到另一个院子，交织着池水和石山，院子和院子间的空间互相渗透。各院落虽然自成一格，但又有机联系，使人感觉整个布局富于变化，而又一气呵成。建筑设计、室内装修和结构造型多采用广东民间建筑常用的处理手法，如屋檐翘角便是采用广东民间建筑广泛运用的结构形式，用平缓飞唇翘起，曲线柔和稳重，既不失于轻佻做作，又不至于过分庄重严肃。

存在问题

以中国园林手法设计酒家，对我们来说仅是一种尝试。由于经验不多，设计效果与实际要求还有不少距离，初步总结，存在以下缺点。

其一，服务工作间的面积不够。

其二，厨房设计时没有考虑用煤气发生炉等设备，职工食堂、托儿所设施也没有考虑到。

此外，为了扩大营业面积，院内绿化面积比原设计缩小，目前绿化效果还不甚理想。

（莫伯治、莫俊英、郑昭、张培煊）

白云山山庄旅舍庭园构图

——1980年

山庄旅舍建在广州白云山上，1965 年建成，原址是一所山祠遗迹。旅舍建筑群溯溪谷布置，简介如下。

总体

山庄旅舍是结合庭园布置的旅游小筑，地处山林泉石间，在总体布局中，有几点比较重要的影响因素。

1. 协调

山庄的建筑基地，广狭不一，起伏较大，是属于溪谷型的"山林地"，即《园冶》所谓"有高有凹，有曲有深，有峻而悬，有平而坦"。这种多变的地形，对于园林建筑布局来说，不是一种障碍，而是构成某一种基调的有利基础。

山庄庭园的大小形状，因应基地的宽窄来考虑，"如方如圆，似偏似曲；如长弯而环璧，似偏阔以铺云"。在广狭变化的基础上，又按地势起伏，定院落高低，分级建筑，形成了与坡地协调的台阶式建筑群体的基调。在每一段台阶上，又按着溪谷地形的特点，向旁延伸上升，与溪谷地势贴切吻合。

此外，在某些局部地方，对地势环境有时作适当的改造，使之与设计构图更为协调。如在"听泉"这一段落中，剔土露石，泉水泻石滩而下，客房倚石构筑，更富于"岩阿之致"。《园冶》有说，"园林巧于因借，精在体宜……随基势之高下，体形之端正，碍木栅桠，泉流石注，互相借资；宜亭斯亭，宜榭斯榭，不妨偏径，顿置宛转，斯谓精而合宜者也"，这里所谓"合宜"，较之协调有更深刻的含义。它不仅求几何形体、色调、质感、位置关系等方面的协调，而且庭园的格调也要和自然环境协调一致。《园冶》"相地"篇所谓"相地合宜，构园得体"，就是论述自然环境与庭园格调的协调关系。如山庄旅舍的后院处理中，沿溪种竹，溯山溪上行，渡小桥至松林杂树之下，临溪设松皮小亭（山水相逢），亭后倚石滩，石摩崖（听泉）流泉喘咽，鸟声遥闻，所谓"竹里通幽，松寮隐僻"，正是此中意境。这是山林地环境与庭园格调协调关系的实例。

2. 功能

建筑群体按使用功能布置，是山庄庭园系统有条不紊的重要因素。《园冶》"立基"篇说："凡园圃立基，定厅堂为主，先乎取景，妙在朝南……筑垣须广，空地多存，任意为持，听从排布，择成馆舍，余构亭台"。这就是说，庭园建筑群体布局，以公共活动（厅堂）为主体，这些建筑要有良好的朝向和幽美的绿化环境，庭园的地段要预留宽阔一些，以便安排布置；其次是居住藏修之所（馆舍、书斋之类），再有一些类似亭台的观赏性建筑。总的来说，就是庭园建筑群的布局，要应不同功能，考虑其位置大小的比例关系，然后结合意境构思，运用自然景物和观赏性建筑进行组景。

山庄旅舍的公共活动部分和服务设施等，由于人流和运输量较大，按功能要求，在山谷的进口附近。其中餐厅可以考虑对外营业，设在前院与中庭之间，服务设施则设在谷口的一侧，汽车可以进至中庭，直达餐厅与门厅的进口。

住宿部分绕会议厅布置三组，环境幽静，不受中庭车道和人流干扰。山庄的总建筑面积为 1930 ㎡，其中客房面积为 640 ㎡，占总建筑面积的33.2%，共有套间 11 间，可安排 22～28 个床位。各部之间以步廊或游廊相接，不受雨天气候的影响。客房有暖廊或阳台可供休息眺望。卫生间采用侧外型，以减弱住房的闭塞感。个别卫生间设竹石小院，增强室内外空间的渗透，并有利于卫生间的通风采光。客房的居住面积为 4m×6m。

3. 秩序

在山林地建园，变化的因素较多，如地形的广狭起伏不一，建筑的类型不同，建筑体量有大有小，建筑群作不规则的布局，轮廓参差错落，等等。如果没有适当的控制，构图上将会导致缺乏整体性和连贯性，审美上将会混乱而缺乏韵律。因此，在总体布局中，需要加强秩序的塑造，主要是结合溪谷狭长地形的特点，在院落和建筑的布置上，贯穿一连串的多种空间关系，突出有韵律的变化。这种总体布局上的轴线感和序列变化，概括地说，就是布局上的一种秩序。

（1）**轴线**。所谓轴线，并不意味着在总平面上有对称均匀的构图，当中划一条等量齐观的分界线，也不是画在图上的标志符号，而是存在于实际环境之中。进山庄之后，溯溪谷而上，穿过一连串的建筑和庭园空间，不断接触到周围景物，由视觉吸引力所产生的平衡感，暗示着有一根轴线贯穿全局。它是空间上移动视点的一种平衡连续，在狭长的溪谷地形，造成一系列的庭园组合，很自然地产生了轴线的感觉。

另外，由于建筑与院落交替排列，建筑群横割轴线，在轴线延续的进程中，建筑成为坚定的停顿因素，更加强调轴线的存在。它自始至终将院

山庄旅舍鸟瞰全景

落和建筑串联在一起，这是中国庭院建筑体系传统手法的体现。在庭园中，则表现为"横堂列廊回缭，阑楯周接，木映花承"的格局，形成丰富的建筑群轮廓和多层次的庭园空间。

（2）**序列**。山庄的庭园组合，因应溪谷地形的特点，具有渐进的规则序列。谷口地形开阔，沿溪上行，愈深入则空间越狭窄。地势则以谷口处为最低，往里走逐段升高。由开阔而稠密，由明朗而幽静，这是结合溪谷地形按功能合理安排的必然结果。这种渐进式的序列变化，前面的庭院是作为后面庭院的前导空间，是后面高潮的前奏。

山庄内庭是作为整个序列变化的高潮来处理的。人们进入内庭，渡小桥，拾级而登，会产生一种欲达高潮顶点的强烈愿望，直至走进室内小院。院内运用最精华的构图——三叠泉水石景，使人置身于一种更小、更高、更幽静的境界。

4. 传统

山庄建筑群在审美上如何体现传统与革新的问题，有如下几点考虑。

（1）**体型**。山庄的建筑体型，是运用中国园林建筑传统手法，采取分散的小体量建筑，以表达不同功能的空间性格，轻巧活泼，变化较多。这些小体量建筑又是旅馆的组成部分，要适应一定的功能需要，互相之间在体量大小、造型格调上，都有一定的比例和内在联系，是有机的协调整体。因此，要求每一栋建筑物都是功能所必需，性格鲜明，体量恰当，为庭园构图所必不可少。如山庄的餐厅既是旅客用餐之处，又是庭园中的船厅，体型狭长，处于前院的视觉中心。会议厅是集会活动部分，又作为园林中的厅堂处理，有精致而宏丽的造型。客房居室则作为园林书斋馆舍处理，位置较隐僻，有简朴明净的格调等。

（2）**组合**。国外的庭园建筑组合，是将各种不同功能的建筑空间，组织在一幢完整的大房子之内，外面绕以庭院绿化。中国的庭园则是传统的建筑组合，与此相反，是将不同功能的建筑空间，分散成为独立的小体量建筑，然后将这些小体量建筑采用中国传统的建筑群布局手法，组成大大小小的庭院体系，并在庭园中运用山池树石，按一定的诗画意境组景。庭园景物融合在建筑群中，展开多层次空间和丰富多彩的庭园体系，山庄旅舍的建筑群正是按这种传统手法组织起来的。

另外，结合溪谷的狭长地形，整个布局基本上是属于串列式的庭院组合。这种传统手法在狭长的地形中不乏佳例，如故宫的乾隆御花园、北海公园的静心斋等均是这类庭园的佼佼者。山庄的庭园组合，由于是溯山溪而上，地势逐段上升，建筑或临溪或临崖，因而在群体空间结构上，虚实交替，起伏较大，在有规律的组合中，显得更为丰富活泼。

（3）**渗透**。建筑与景物空间的互相渗透，是中国古典庭园的优秀传统。空间渗透是通过建筑与景物空间的位置关系来实现的，如前后、左右、内外、高低等，而这种位置关系又围绕一定的诗画意境，组成完美的空间构图（《园冶》中有不少关于这方面的论述）。

1）室内外空间的渗透。在建筑上运用景框、敞口厅、落地明屏门等手段，可以将园景引入室内，从室内欣赏园景。反之，从室外也可以看到室内精美的装修与陈设，这是内外空间的渗透关系，主要的意匠在于一个"虚"字。虚字带有开敞的含义（它和开敞并不完全相同），如"处处邻虚，方方侧景""窗户虚邻，纳千顷之汪洋，收四时之烂漫""亭台影罅，楼阁虚邻""堂虚绿野犹开"等，这些都是运用满开间大窗、落地明屏门等多面开敞的空间渗透。

山庄的会议厅，一面临内庭，采用落地明屏门，从厅内可望内庭，另一面透过后墙的落地明屏门，又可以收到后面的山池景色。又如会客厅，一面临池，在前出一步廊之间，透过落地明屏门与内庭池景互相渗透，临中庭一面则透过大玻璃窗可以浏览中庭风景，这些都是"处处邻虚，方方侧景"的处理手法。

另外一种是景框的造法。《园冶》中所谓"窗虚蕉影玲珑""板壁常空，隐出别壶之天地""刹宇隐环窗"等，在山庄也有适当运用。如在入门厅右侧墙上开方窗洞，露出后面蕉丛；套间休息厅前面景框，套出三叠泉水石景，都是"窗虚蕉影玲珑""隐出别壶之天地"的具体处理。

2）建筑与景物空间的交错组合。主要是透过建筑与景物之间的位置安排，或左右相依，或上下交错，正是"奇亭巧榭，构分红紫之丛"，组织多姿的构图组合和多样的空间渗透。如《园冶》论述的"花间隐榭，水际安亭……通泉竹里，按景山颠。或翠筠茂密之阿，苍松蟠郁之麓；或借濠濮之上……倘支沧浪之中"，正是说明亭榭与景物组合的位置关系，或隐于花间，或安于水际，其他如竹里、山巅、丛竹之际，或苍松之麓、濠涧之上、水石之中等，都是设亭之处。所谓"安亭得景"，正是概括说出了亭榭与景物体量的交错关系和空间渗透的构图效果。如山庄会议厅跨溪建筑，溪水穿流厅下，而厅则"借濠濮之上"，是上下交错的空间渗透。又如"山水相逢"一段，松亭处于竹溪松岸中，仿佛"通泉竹里"，也就是亭子隐藏于竹丛溪畔的意思。馆舍倚傍石滩，又"有岩际际致"，所谓"岩际"就是建筑物处于岩石的旁边。

（4）**格调**。中国庭园建筑的格调，除了上述有关环境、体型、空间关系等方面外，其他如材料质感、构造技术以至装修色调等，都有一系列的现实处理手法，所谓"时遵雅朴"就是简朴雅致的格调。山庄的建筑，也是根据这一概念来考虑它的格调问题。

1）**质感方面**。结合山居建筑的体裁，运用冰纹砌石、白色粉墙的墙石处理，天花材料采用原色水泥，木丝板不加油饰，着重突出山庄粗犷、简朴而又清雅的质感。

2）**造型方面**。根据钢筋混凝土的材料性能，采用平顶屋面结构，部分用小坡顶隔热层，构成小坡平顶的组合，表达了新材料、新技术简练明快的造型特点，也体现了传统民居朴实无华的特质，而不是从形式上去模仿木结构的传统古典建筑轮廓。

3）**内外装修**。适当运用一些潮州嵌瓷、满洲窗、落地明屏门等，镶嵌一些颜色玻璃，使建筑格调在朴实中显得活泼明快、静中有动，富有地方风格。

建筑与庭园

山庄的建筑群属于庭院建筑体系，因而建筑空间既是庭院的空间界限，又是两个庭园的过渡。在庭园构图上，运用各种处理手法，主要是在空间序列上，采用大小、明暗、起伏等变化，构成不规则的序列，产生一种戏剧性的、具有视觉吸引力的效果。一般所谓"豁然开朗，别有洞天"，就是这种在视觉体验上一放一收的突然变化手法。

因此，山庄的总体布局在序列变化上，虽然如前所说具有渐进而规则的性质，但在每一段落的局部处理上，则是不规则而突然的。这种规则与不规则序列的结合，产生一种静中有动的变化韵律，正是中国古典庭园布局的精华所在。前面所说的山庄前院、中庭等处，虽然是作为渐进序列的前导空间，但在局部不规则的序列上，也是次要高潮所在。

中国庭园建筑的高潮所在，往往不是建筑本身，而是庭内景物，包括绿化、水石与建筑轮廓等的总体效果。这些次要高潮的处理，要因其在整个渐进序列中所处的不同部位，而作出恰如其分的变化。

1. 前坪

在赴山庄旅舍过程中，越野穿林，远山近壑，瞬息多变。抵山庄前坪，是自然山野与庭园的过渡。这里地处谷口，背山临崖，前景旷远，有"障锦山屏，列千寻之耸翠"之势。回首谷口，锁以石壁，围墙之内，建筑分级依山构筑，隐约林木间，出现了"围墙隐约于萝间，架屋蜿蜒于木末"的境界。外望开阔磅礴，内望则曲折而幽深。围墙是两者的过渡，人们至此下车，不知不觉被吸引着，想进去一探里面曲折幽深局面的究竟。

2. 前院

从前坪穿过山门，进入前院，空间至此一收，暗示着将会从前坪开阔奔放的局面，转到有一定控制的幽深境界。前院位于山庄的最低处，满挖池塘，在池的上端筑台，台上设餐厅，为狭长形船厅式建筑，是院内视觉平衡的中心，正是"高方欲就亭台，低凹可开池沼"的取义。院内左右山林合抱，野塘清幽，着墨无多，保持着前坪带来的气氛延续。

3. 中庭

沿前院池岸绕餐厅侧上行，山路渐升，空间渐窄，为中庭提供压抑的前奏。这种离开主轴、绕道侧行的前进序列，是前人广泛应用的传统手法。

绕过餐厅侧畔，转入中庭，呈现局部的次要高潮景象。中庭之两侧山势更高，空间较前院收束而稠密。建筑群前后相对，餐厅静伏于前，门厅则隆起于后。连接两处的游廊亦因地形蜿蜒而上下，气势连贯，即《园冶》所谓"蹑山腰，落水面，任高低曲折，自然断续蜿蜒"是也。

廊至门厅的坡脚另设蹬道，廊则改为过路亭，亭作重点装饰，上与门廊相接，解决了门厅入口与停车廊不同标高的问题。门廊下有铁冬青一株，倚柱向前，摇曳生姿。此处由蹬道、草坡、树石、亭与廊等构成高低错落的入口空间，是中庭建筑群的杠杆平衡中心。

中庭以两旁山林为背景，庭中景栽结合交通和公共活动的功能考虑，以简洁明朗为主调，车道的回旋曲线与绿茵组成柔和而活泼的构图。游廊满攀垂萝，中段植塔松、南洋杉一组，树形富于几何图案意味，与游廊互相映衬，构成协调而又变化的轮廓。

4. 内庭

由中庭至内庭，不是绕行侧道，而是经过一定标高的上升，穿过门厅，以室内空间过渡，绕过一二段刻花玻璃风窗和屏门，内庭景色隐约可窥。这一段透迤掩映的前奏，暗示着高潮的到来。

从门厅转至内庭，会感受到戏剧性的强烈视觉吸引力，激发人们的心意。这里是山庄总体布局的主要高潮所在。建筑群绕庭作不规则的封闭性布局，空间较之中庭更为稠密而收束，标高则更上升一段。景栽以竹为主调，杂以南方花木灌丛。远山近水，与建筑空间构成有机整体，正是"千峦环翠，万壑流青"，回廊蹬道，起伏盘旋。

门厅、客厅、休息厅等设在内庭前部，地势稍低。居室客房则处于溪谷上游，地势稍高，并应溪谷地形的特点，沿溪布置，参差错落，背山临池，或虚或实。另以会议厅为内庭建筑群的视觉平衡中心，位于内庭本身轴线的制高点。会议厅跨溪而筑，厅前筑台，可以凭眺云山，俯视溪池，静听鸟语。《园冶》所谓："槛外行云，镜中流水，洗山色之不去，送鹤声之自来。境仿瀛壶，天然图画"，正是此中境界。

山庄旅舍水石庭（许哲瑶作）

5. 后院

从会议厅继续深入，石壁挡面，似挡人去处。沿墙左转，溯溪上行，又有柳暗花明的感觉。由此进入山溪，地势陡而狭，客房隔溪布置，有桥可通，是"驾桥通隔水，别馆堪图"的取义。

所谓后院，是由建筑与悬崖断堑所构成，最终消失于溪岸之中，并由山溪进入群山林野，与自然山水浑然一体。庭园境界有无尽之意，寓有限空间于无限空间之中。

后记

中国庭园建筑今天还存在一个继承与创新的问题，我们在设计中，曾在这方面做了一些尝试。文内不少《园冶》行语，也算是读《园冶》的一点儿体会。

（莫伯治、吴威亮等）

环境、空间与格调

——广州白天鹅宾馆建筑创作中的审美问题——

1983年

本文仅就白天鹅宾馆建筑创作有关审美问题中，比较侧重考虑的若干因素，略谈一些粗浅的体会。

环境特征

宾馆的空间组织、装修陈设，如果能以环境特征作主题，将会使室内空间设计富于本地风光的格调。《园冶》对这方面有过不少论述，如"刹宇隐环窗，仿佛片图小李"，就是室内设计反映环境特征的借景处理手法之一。运用这种处理手法，往往能够不落俗套，出人意料。

白天鹅宾馆背负沙面小岛，凭临白鹅潭，面向三条江水的交汇口，前景开阔，这是建筑环境最突出的特征。要让旅客充分享受江面风光，临流览胜，将是反映这一环境特征的主题。围绕这一主题，首先把公共活动部分尽量临江布置，层层分级后引，全面敞向江面。沿江设约 10m 三层高、约

80m 长的玻璃帷幕，从厅口向江面挑出 4 ~ 6m，晶莹通透，简洁高敞，与各层敞厅构成上下流畅的共享空间，高贵典雅，成为各敞口厅最为突出的装修，把不同风格的各个餐厅和休息厅连接在一起，产生整体性效果。

各敞口厅透过玻璃帷幕，特别是休息厅，以玻璃为栏杆，通透明彻，室内外浑然一体，可以坐顾江水滔滔，远观烟波浩渺，百舸争流，艨艟隐现。《滕王阁序》中对建筑环境的咏叹，"落霞与孤鹜齐飞，秋水共长天一色""舸舰弥津，青雀黄龙之舳"的意境，一幅天然格调的壁画，可作室内陈设得之。

白鹅潭边上的白天鹅宾馆

环境特征的反映，紧扣着白天鹅宾馆室内设计的各处细部。由东面大门入口开始，为了更好地诱导人们走向江边赏景，在室内设计中就产生了一个导向性的问题，进入大门一段，即作 45°的转折向着江边，并以此为契机，反映到室内空间和装修构成的各个部分。

如大厅的楼梯与东西轴作 45°的转折；各层休息厅、餐厅以及中庭的平面构图，均以 45°斜向为基调；室内的花基栏河（护栏）、花坛、喷泉、酒吧、屏格等均采取 45°斜向方位，构成斜向的空间，使旅客进入门厅后，自然而然地顺着斜向空间，走向江边的休息厅和餐厅各部分；为了加强突出临流览胜这一主题特征，将许多装修细部构图，均作 45°的斜向，如花岗石的地面拼缝、天花板拼缝以及天花灯排列图案均为45°构图; 休息厅的地毯、灯座、大小茶几以至所有木柱的平面, 均采用八角形平面, 借以与斜角导向相呼应。凡此种种室内设计的45°斜向构图, 就是为了反映环境特征所引申出来的导向性。

此外, 围绕中庭在不同位置的标高上, 结合组景布设一组多边斜角的亭榭, 也是反映环境特征所派生导向性的进一步发展。在中庭西端三层高的石山上设六角金顶山亭, 中庭的东端首层设八角山溪水榭, 在二层南侧处于两厅之间设三角亭式青铜鸟笼。三者构成掎角之势, 这样, 使得反映环境特征的斜角构图, 更为突出。

宾馆高级西餐厅设在首层公共部分的最西端, 是为顾客服务于室内空间的最后高潮。因此, 在室内设计中, 重点突出反映环境特征的构图, 首先是为了更好地观赏江景, 临江部分采用玻璃幕墙, 全面向珠江敞开; 其次, 室内地台分成三级, 由里而外, 层层向江面降低, 前面临江座位位于最低处, 不影响里面的观赏视线; 最后, 餐厅的玻璃外墙作锯齿形斜角, 每级地台亦作斜线分级, 所有花槽栏河、酒吧间屏、天花平面均以45°斜向为基调, 使反映环境特征所派生的斜向构图得到充分的发挥。

内外延续

在室内设计中, 强调内外格调的延续性, 将有助于建筑审美上的完整与统一。而延续性则往往透过体型、色调、质感、图案以及空间格调等的协调而实现。白天鹅宾馆建筑体型简练, 雕塑感强, 色调淡雅, 材质朴素大方, 反映在大厅、中庭以及餐厅等处的实体部分, 其饰面材料大部分采用与外墙一致的白色喷塑材料, 由表及里取得色调与材质的延续。厅内天花与柱饰面, 均采用木板的天然纹理和本色, 色调淡雅, 崇尚天然, 正是"木斫而矣, 不加丹"之意。地面采用桃红花岗石, 由门处延伸至内部, 显得简洁高贵, 华而不俗。即或采用地毯, 其图案色调, 亦与花岗石纹理图案色调取得协调。

在室内许多细部设计中，由建筑体型的立体雕塑感往里延伸，强调了细部立体雕塑感的处理。所有花槽栏河体型设计为突出雕塑感，将栏河分成三级，由下而上层层往外挑出。前台和酒吧的天花也是采用多层由下而上分级向外挑出的处理手法，借以加强局部的立体雕塑感。梯底的喷泉花槽则采用多层分级往上收敛的处理。十八罗汉的龛位设计，由外而内层层分级向里收敛。柱头的细部设计也是采取分级层层收敛向天花上部空间凹入，柱身延伸入天花上部深处。这些，正是外部体型的雕塑感延续于室内设计的一种反映。

内外的延续，也可以从室外景色直接作幻景的延续。如中庭北面敞廊之北侧设深灰色镜墙，令中庭组景和江上风光直接反映于镜内，纤毫毕现。人在厅内左顾右盼，如处于两面江水之间，似假疑真。外面风光直接内延为幻影，可以说是室内设计中内外延续的另一种手法。

内外的延续，还可以从室内设计的园林化体现出来。白天鹅的室外空间是一片自然风景与园林结合的开放空间，进入宾馆的天桥凌空飞架，桥外云水相连，桥下林木成荫。进至宾馆前庭，空间略作收束，并布置绿茵浅地、云峰奇石，与门廊石狮互相呼应。这一雄浑简练的庭园格调，一直延至室内，成为各厅堂室内设计的基调。从大门口可以看到大厅中庭组景的焦点，石山瀑布，玉宇金亭。

大厅占地2000㎡，高三层，整个大空间设计为多层的园林建筑。大厅中庭采取前后两段形式，前一段门厅设9m见方玻璃光棚，贯通门厅的二层和三层；后一段为大厅中庭的主体，上设藻井式光棚，尺寸为14m×40m，贯通首层、二层和三层，构成多层次、高旷深邃的大空间。中庭四周，采用敞廊形式，绕廊遍植垂萝，并于其间组织亭台桥榭、蹬道梯阶，前后参差，高低错落，起伏盘旋，耐人寻踏。

大空间首层咖啡餐厅的室内设计，园林格调最浓，里外有小桥流水、曲径回廊、洞窟台榭、石岸溪流，渗入餐座的深处。餐座内采用深绿色的大理石台石，自然本色的藤餐椅，突出家具陈设的自然质感。

大空间的第二层为包括中庭在内的大厅，其中有门厅、休息厅、茶座、酒吧等。这些厅座的装修陈设，均以园林绿化为主调。站在门厅入口，就感觉到中庭景物与门厅内部空间互相沟通。遥对石壁瀑布，金亭古木、石刻摩崖和"故乡水"题刻历历在目，都是大厅装修的有机组成部分。在前段光棚之下，厅中设巨型古陶花缸一组，构成自然古雅的花坛。回廊垂萝沟通上下，厅的四周分设花坛喷泉。整个门厅室内设计，富于自然园林格调。

室内设计的园林化，也由中庭沟通至第三层的中餐厅。由二层攀登石山蹬道，经金亭侧可登至岭南庭园格调的中式餐厅部分。庭园的入口设于石山壁顶，富于山门格调。从庭东向西望，石壁飞瀑，云寺岚亭，天然图画。入园门至餐厅内部，则见窗明几净，红木椅桌高贵典雅，洞罩格扇剔透玲珑。经过水石攀登，高低序列的变化，至此有豁然开朗、别有洞天的感受。其他部分亦采用木格通雕格扇，仿古仕女壁饰，配合室内设计园林化的总格调。

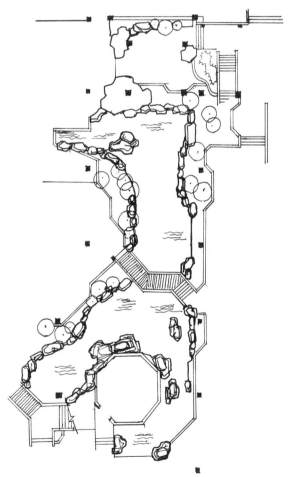

"故乡水"中庭平面（许哲瑶作）

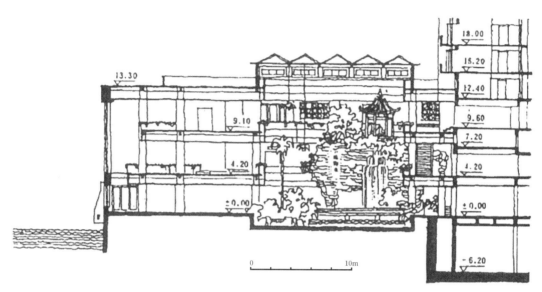

"故乡水"中庭剖面示意

"故乡水"中庭透视示意

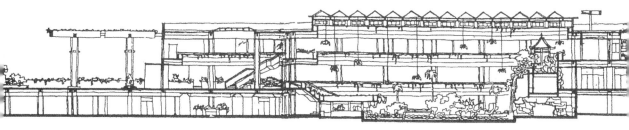

入口—门厅—"故乡水"中庭剖面示意

变化与协调

在旅馆室内设计中，为了避免环境中包含有不同格调的杂乱感，必须寻求变化中的协调途径。反之，为了避免环境内过分统一的单调感，又要考虑统一中的变化，这是旅馆室内设计中变化与协调的手法。

白天鹅宾馆有许多风味不同的餐厅，每个餐厅都要求在室内设计中强调相适应的地方格调，以增强对客人的吸引力。如宴会大厅要求"宏敞精丽"，适应中西餐宴会或国际会议多功能的需要；广州餐馆则要求有岭南庭园的格调，配合"食在广州"的环境气氛，典雅绚丽，具有广州园林酒家的特色；日本餐厅则纯粹为东洋风味，室内设计使客人能领略到日本风光；西餐厅则有高级餐厅、咖啡餐厅、自助餐厅、茶餐座以及酒吧间等，在室内设计上亦应有不同的格调。

为了协调餐厅之间的不同调性，采取了加强共性、保留特点的处理手法。如三楼中式风味餐厅与日本餐厅之间虽然格调不同，但都采用了本色的木板天花和木板柱饰面，互相之间隔以过渡性的空间——休息厅，本身又设置通透掩映的围屏，似通又隔。透过这一系列措施，既能保持各自的特色风光，又能互相协调统一。

变化与协调的另一问题，是在过分单调中寻求变化。如客房走廊，一般都狭长单调，在设计中须寻求变化的处理。白天鹅宾馆的客房层为单边走廊，更显单调，因此将走廊分为两种不同的空间段落，交替变换。处于房门口一段，平面略扩宽，而高度则略压低，用木板墙面，铺图案地毯；另外一段则较狭长，天花略有提高并带天花线，地毯无图案。两段交替变换，有助于减轻狭长单调的感觉。另外，客房的室内设计，对不易更换部分，采用浅棕色作为基本色调（如墙纸、地毯和家具木作等），对易于更换部分（如床头板、椅、凳面布），采用变化的颜色（如绿、蓝等冷色调）。至于面积较大的床罩、窗帘，则采用冷暖两色组合的图案。这样，整个宾馆客房部分就产生了既统一协调而又富于变化的效果。

格调的糅合

白天鹅宾馆的室内设计，要求既能够反映时代的特征，又能够表现传统的特色。具体处理上，往往在同一空间内，或同一组合中，同时存在着现代以及传统构成两方面。透过什么途径将这些不同格调（现代的和传统的）组合在一起，成为有机的整体，就是这里所谓"格调的糅合"。实际上，是在处理手法上保留特点，寻求共性，使不同格调的构成捏在一起，经过"糅合"的作用，互相融合，从而产生一种不同于原来两者的新格调。

这种处理手法在白天鹅宾馆有着多方面的探索。如大门前的庭园中，布设高 6m 的奇峰，是巉岩而有动态的天然雕塑；守门的一对白玉狮子，是精工细刻的传统古典石雕；门廊由四把独立伞形结构，组成富于现代力感的混凝土浇筑造型。上述三种古今中外的不同格调，透过共通的雕塑造型审美观，以及类似的材料质感和色调，取得了极度和谐、浑然一体的组合，使现代和传统格调糅合一起，构成有机而协调并区别于原来几种构成的新格调。

在室内设计中，到处可见这种"糅合"的精神体现。如围绕中庭的栏河造型，是运用现代简练的造型手法，突出喷塑简洁的材质，亦能与中庭的中国古陶图案花缸或溪泉瀑布等古拙浑厚的传统格调相协调，糅合一致。

　　家具组合上亦体现出"糅合"格调的特点。休息厅的家具组合是比较具有代表性的，每组有四张明式红木矮靠背扶手椅，两张特长的西式沙发，全羊毛织物外套。沙发与扶手椅的对面陈设，当中设一八角大茶几作为沙发与扶手椅的联系，地面铺一张斜角图案的八角形地毯作为整组家具的虚拟空间。其间穿插一些八角几、八角灯座等，使整组家具陈设，统一在八角形几何构图的环境中。另外，扶手椅采用了沙发的尺寸，而沙发的套面织物则采用类似红木颜色，因此整个家具陈设既有许多共通的东西，又各自保持一定的特色。经过这种"糅合"的手法，显得十分协调而又有变化。从整体来看，产生了格调新颖的组合。这种家具陈设的"糅合"，在茶餐座、酒吧等处，都可以看到。

　　总统套间也是运用了"糅合"的格调。厅房的空间结构，是按现代宾馆总统套间的功能考虑的。但在套间的过渡地方，则运用具有民族特色的通雕木刻花罩和斗心格扇，并在敞口厅前布置庭园对景。厅内墙纸、地毯以至家具设计，均为现代的图案、色调以及沙发体型，但又适当穿插一些中国式的红木椅案或围屏陈设。因此，整个套间富于时代感，格调清新，但又有传统典雅的特色。

　　标准房间的室内设计，是根据国际现代旅游宾馆的使用功能标准考虑的，装修、陈设、家具均以现代格调为基础，但在家具木作的线脚和色调上，则带有简练而典雅的传统风格，其床头墙板又采用传统的挂屏形式，使现代基调与传统特色糅合，构成清新而又典雅的格调。

品题与意境

　　中国庭园建筑中的厅堂斋馆、廊榭亭台，往往结合室内外环境的特点，赋予一定的品题，突出建筑空间审美上的格调和意境。如拙政园的"卅六鸳鸯馆"，就是在室内中间设屏隔，分前后两段。前后厅堂的家具陈设以至庭院对景，均具有不同的风格，所谓"鸳鸯"，就是既是一对，又不完全一样，统一中有变化。又如东莞可园的"亚字厅"，厅的平面、地面和窗扇的构图、图案均以亚字为几何母题。至于结合山水花木作为厅堂特征加以品题，更是中国园林的传统手法，不胜枚举。

现代一些宾馆餐厅，也流行着在室内设计上采用"命题突出"的手法，使设计的格调更具有个性。如香港美丽华酒店的高级餐厅命题为"拿破仑餐厅"，厅内装修陈设除具有法国古典格调外，并采用一些图画和艺术品，其题材则为与拿破仑历史有关的宫廷贵妇人形象。经过这样处理，餐厅室内设计的格调就更具有个性。

白天鹅宾馆的高级餐厅设计也是运用命题突出意境和个性的手法，除了具有现代餐厅的宁静、舒畅和高雅的基调外，并将餐厅命题为"丝绸之路"，将所有落地窗户满挂丝线窗帘，在酒吧背壁有巨幅玻璃刻画，以中国塞外风光为图案的题材，突出"丝绸之路"的意境和个性。在西方现代设计的基调上，糅合着中国传统的意境，格调更为典雅，以增加审美上的历史深度。

宾馆"的士高"厅命题为"椰林居"，在原有轻快活泼的基调上，围绕命题突出椰林图案的装饰，在深灰色墙境上贴上藤制的椰林图案。所有餐椅靠背也是采用椰树构图，诱使人们有南方热带风光的联想。

咖啡餐厅也是运用现代室内设计手法，以不同的天花、地面材料、前低后高的地台标高和前暗后明的灯光布置，来区分整个餐厅内的不同空间。材料的质感，家具的设计，均以突出咖啡厅的现代感和以自然明快为基调。但厅内的空间结构又与中国园林组景结合，富于自然山水的气氛，并命题为"流浮"。溪泉渗入厅内，南浸珠江，北通山池，四面环水，"蟹屿螺洲"，流浮水面的意境，得之于此。

白天鹅茶厅是按高级旅游宾馆的功能结构布设的，运用"凭虚敞阁"的体型，使顾客有"选胜登临，把盏凌虚"的感觉。为进一步加强茶座舒畅悠闲的气氛，命题为"鸟歌厅"。于此设塔式铜鸟笼，内蓄虎皮鹦鹉一群，五彩缤纷，呢喃鸟语，养性怡情，正是传统茶座的品格。

　　三楼中餐厅运用岭南庭园的空间结构，具有广州园林酒家的特色，命题为"玉堂春暖"。在其中庭布置水石花木，而以花厅为主体，面向中庭，作重点装修，突出玉堂的意境。

　　中庭为整个大厅多层庭园的主景所在，以壁山瀑布为主景焦点，并命题为"故乡水"。水瀑高达10多米，分级奔腾倾泻而下，水石轰鸣，雾珠簇溅。旅客于此，结合命题，对祖国河山的眷缱之忱油然而生。

中国庭园空间的不稳定性

——1984年

庭园空间是在庭院建筑空间基础上演变而来的，但已突破建筑空间原来封闭、独立、凝固的庭院格局，在一定空间范围内，经过庭园处理手法，构成开放沟通、运动发展的空间，这种空间特点具有不稳定的性格。

人们通常喜欢用流动、渗透等动态的词句来描述庭园空间彼此之间的关系。而所谓流动、渗透，则是要透过人们的感性认识和思维活动的一系列过程而实现的。相对于庭院空间的"凝固性"来说，"不稳定性"才是庭园空间内在、本质的东西，其特点不是界限分明，而是含混不清，因而往往能够给人以活泼流畅、摇曳生姿的感受。庭园空间的不稳定性，存在于多种不同的空间关系中，现将常见的几种介绍如下。

亦里亦外

亦里亦外，是指庭园内部空间和庭园外围空间关系的不稳定性，在一般市街地段筑庭，往往采用封闭性手段，高墙大院，内外隔绝，所谓"俗则屏之"的处理手法。但在一些开阔的环境中，如《园冶》中所谓"山林地""郊野地"之类，又常常运用里外结合，空间上内外互相延伸，不分里外，尽为烟景。在内外之间或以水石组景，藩篱尽撤；或以游廊过渡，内外沟通；或凭虚敞阁，"纳千顷之汪洋"，等等。下面是几种类型的实例。

1. 以水石组景为媒介

区分内外，既是园内的对景，又是园外的景物，使内外空间互相延伸，水乳交融。如澄海樟林西塘，在庭园东北角筑壁山，外临园外水塘，水楼接壁而筑，从水塘彼岸远望庭园外围空间轮廓，古树盘郁，石壁浮水，有"仙山楼阁"的意境。反观园内，则又山溪跌水，奇亭怪石，峭壁石岸，上落盘旋，另有一番曲折幽邃、耐人寻味的境界，内外空间透过石壁水楼连成一整体。又如广州花地杏林庄（已毁），在庭园边界上不设院墙藩篱，而挖土成溪，沿溪种竹，不分里外，以示主人旷达。再如中山温泉1号别墅大厅前庭，塑石为壁，区分内外，体型雄浑，竹木掩映，披以垂萝、薜荔，里外以石壁为媒介，相互延伸。

2. 游廊过渡

在庭里庭外的分界处设游廊为过渡空间，使内外风景线互相渗透延伸。如苏州沧浪亭，园外临河设廊，沿河垒石堆山，溪桥古木，亭榭参差，长廊委婉，构成园外临河的绝妙风景线，其间透过虚廊敞榭，又与园内景色相通，竟不分其为园内园外。又如避暑山庄"月色江声"一景，庭园周围尽以游廊亭榭区分内外，里外空间透过敞开的廊榭互相沟通。再如中山温泉2号别墅南面临湖一带，仿"沧浪亭"意匠，亦以游廊为内外空间的过渡，小楼廊榭，烟柳池塘，透过月洞景窗的渗透，与园内山池树石，隐约可通，内外景色，浑然一体。

3. 凭虚敞阁

凭虚敞阁，《园冶》有"纳千顷之汪洋，收四时之烂漫"之说，主要是指面临江湖，前景开阔之处，设体型开敞的楼阁，从园内登临楼阁，尽收四围烟景。园内空间可以向外围作极度的延伸，从外围望向庭园楼阁，又有"楼阁参差半有无，溪云浦树隐模糊"的图景。远近里外，透过空间的融合，形成完整的构图。历史上三处有名的楼阁，武昌的黄鹤楼、洞庭湖的岳阳楼、鄱阳湖的滕王阁，都是面临广阔的前景，为建筑艺术提供极佳的意境。圆明园中的"上下天光"，瘦西湖中的"五亭桥"，都是以凭虚敞阁为意匠，运用金碧山水中的亭台楼阁作为庭园主体建筑的实例。

昆明大观楼，可以说是庭园运用凭虚敞阁的典型。这里不妨引述孙髯翁的大观楼长联对凭虚敞阁意境的描述："五百里滇池，奔来眼底。披襟岸帻，喜茫茫空阔无边！看：东骧神骏，西翥灵仪，北走蜿蜒，南翔缟素。高人韵士，何妨选胜登临，趁蟹屿螺洲，梳裹就风鬟雾鬓。更苹天苇地，点缀些翠羽丹霞。莫辜负：四围香稻，万顷晴沙，九夏芙蓉，三春杨柳。"这里首先要注意的，是建筑环境的一个"虚"字，大观楼面临开阔的五百里滇池；其次是建筑体型的一个"敞"字，只有敞才能使"五百里滇池，奔来眼底"，看到了远山近水，苇地苹天，四时景色。

桂林的伏波楼也是负壁凌空而筑，敞向漓江，百尺危楼悬空而起，桂林山水历历在目，楼阁在山水之中，山水入危楼之内，互相延伸渗透，极度开敞与临虚，实为凭虚敞阁的佳例。

凭虚敞阁的运用，在现代设备技术加持下，得到进一步的发挥，广州白天鹅宾馆公共部分临白鹅潭一面，层层往上分级后引，全面向江面敞开，并在各层推出 $4\sim8m$ 处设一幅玻璃帷幕，高达 $10m$，全长 $80m$，晶莹透彻。人们可以全天候登临览胜，展望白鹅潭的波光帆影，而又可以不受风雨的影响。

亦此亦彼

亦此亦彼是指庭与庭之间不是互相封闭隔绝，而是采用开放式的庭园组景，使庭与庭的空间关系，互相渗透延伸，或则虽隔而不断，两庭景物可以互相因借，由此及彼，互通讯息。前者为共通性的庭院，后者可称为启示性的沟通。

1. 共通性的庭院

在庭院之间，不是以院墙分割，互相隔断，而是取消院墙，采用开放式的庭园，互相连通，两庭建筑群体作一组配套的庭园建筑群考虑，体型和位置作整体性安排，水石花木的组景也是围绕统一的主题意境，贯通一气，因而庭与庭之间界限含混不清，亦此亦彼。虽或有相对独立性的痕迹，但主要是水石组景互相延伸，连续统一，构成共通性的庭园空间。

如北海公园静心斋中部，即共通性庭园的典型，其中部并排着三个庭院：当中为"镜清斋""沁泉廊"所构成的开放式庭院，镜清斋为三开间厅堂型，是庭园的主体建筑，而沁泉廊为水榭体型，越水而筑；其左侧为"画峰室""枕峦亭"所构成的开放式庭院，画峰室是斋馆小筑，地较隐僻，而枕峦亭则高踞石峰之上，地位突出；其右为"抱素书屋""焙茶坞"与"罨画轩"所构成的庭院，均为庭园小室，亦为开放性的群体布局。三个庭院之间没有明显分隔，其间以山溪水面串通起来，构成共通性的庭园，互相之间界限不清，横峰侧岭，互为对景，亦此及彼，相互延伸，庭院各自独立性的痕迹已极模糊，仅由溪桥两处略作区划而已。

又如广州北园酒家庭园，亦属并排共通性庭院区划实例。其内庭由东西对朝之厅堂所构成，庭园可分南北两个段落，北段由两座对朝的三间厅堂和北端楼厅所构成，南段则由东面三开间花厅、南端的水榭与西面两偏间所构成。两个庭院之间不作任何分隔，其间布设水石花木，桥廊亭榭、楼堂斋馆临溪池而筑，构成完整统一、共通性的庭园。

再如苏州畅园，也是共通性庭园的佳例。在狭长地带挖土为池，沿池布设长廊亭榭、斋馆厅堂，以池水贯通全园，构成共通性的庭园空间。

2. 启示性的沟通

庭园之间不是作开放性的沟通，而是在邻墙的适当部位开地窦、设月洞，互作对景，两庭讯息作启示性的沟通，庭园空间封而不死，隔而不断。《园冶》对此有不少论述，如"板壁常空，隐出别壶之天地""伟石迎人，别有一壶天地"，等等。这里所谓"隐出"和"别有"的"一壶天地"，就是在相邻庭院之间，透过月洞的沟通，有意识地组织对景（如"伟石迎人"之类），构成庭院空间的多层次和不稳定性，诱导人们从此庭联想到彼庭的佳胜去处——"一壶天地"，也就是壶中天地、神仙洞府的幻景空间。

《扬州画舫录》中载有明末"影园"内有一小院，四面院墙均开地窦月洞，四面均套出别院的组景讯息，可以说是启示性沟通的典型。这种"启示性沟通"，是苏州造园艺术的重要手法。

如艺圃西南角的院落，是一串线性的启示性连通。主庭与浴鸥庭院之间设月洞，透过月洞可以窥见浴鸥院内的水石溪桥，反之，从院内透过月洞又可以看到主庭的局部山池亭榭。从"浴鸥"再进，透过后院的地窦为"芹庐"后院，两院景物由地窦连通一气，三个庭园组景互相资借，构成流动延伸由彼及此多层次而又不稳定的空间，月洞与地窦则为启示性沟通的媒介。

广州兰圃的前庭与中庭之间，亦采用启示性沟通的处理。入门之后为林荫夹道，小径通幽，径尽为溪桥，过桥为月洞，洞后设古木奇峰，中庭的园林佳境略露端倪，"伟石迎人，别有一壶天地"正是此中意境。

广州南园酒家东部庭院也是经过竹径通幽，在竹径的尽端设地窦，透过地窦可以窥见后面庭院的竹石对景，启示着后面庭园佳处。后园有"竹影荷风""谢家池馆"之胜景，从竹径穿地窦转过竹石对景至此，使人顿生"隐出别壶之天地"的感觉。

亦藏亦露

亦藏亦露，是指在一定的空间范围内，其中一部分处于覆盖之下，另一部分则为露明空间（露天的或顶光棚），而这两部分又组织在一个统一和整体性的空间内，构成整个空间亦藏亦露的不稳定性。藏与露之间的空间关系，是互相敞向流通，不带任何约束性的区分手段，两部分的组景结构必须是同一个主题意境，是有机的整体。这种空间的不稳定性，可以通过两种途径实现。

1. 小院（天井）式

一般规模较小，藏露两部分都从属于同一建筑空间，露明部分只是不带封闭性覆盖的建筑空间而已。从汉代的"楼居"明器中，可以见到当时已有亦藏亦露带有不稳性空间的运用。其居室部分设在楼上，面积较小，楼下为畜舍，面积倍于居室，因此畜舍有一部分在楼上居室覆盖之下，另一部分则外露，构成亦藏亦露的空间。

如广州矿泉别墅5号楼贵宾套间的客厅，两开间，向尽端小院敞开，小院上设明瓦天窗，构成亦藏亦露的空间。

又如广州文化公园，园内的园中院贵宾接待室有两处，均是采用小院式半藏半露的结构。一小院露明部分设在敞厅尽端，另一小院露明部分则作曲尺形，沿着敞厅相邻之周边布设。此两厅的特点，是藏的面积较大而露明部分较小，藏与露属于同一空间之内，相互之间没有任何划分的手段，亦藏亦露的空间性格较明显。

在广州西关一带的传统民居中，有所谓"走马骑楼"的结构，实际上也是亦藏亦露的空间类型。建筑一般为两层，在二楼和天面都开一个大井口，天面井口设露明天窗围绕，二楼井口为走廊，广州称为"走马骑楼"，构成二楼和首层厅堂空间明显的亦藏亦露风格。

广州白天鹅宾馆中庭的构思正是基于上述概念而来，门厅有大部分是处于上层覆盖之下，但在厅中部则设一组巨型花缸组合而成的花坛，对应着上一层开一个大井口；绕井口为花几栏河，遍植垂萝，与下面花坛呼应；再上为天面，对应着井口和下一层花坛敞开一个露明的天窗，因而门厅和上一层的内部空间，均包含着藏与露的部分，而这些部分则又同属于一个整体性的空间内。

2. 庭园式的藏与露

在庭园中，有些本来是分属室内、室外两部分不同空间，但透过一定的手法处理，使两个不同的空间统一起来，构成亦藏亦露完整的空间格局。其途径是将室内空间彻底敞向庭园，从感觉上减弱空间的室内感，另外将内外空间围绕一个命题进行组景，使内外空间在同一意境上融合一起。因此可以说，这里亦藏亦露空间中的"藏"字，是属于有覆盖的庭园空间。

如广州矿泉别墅 5—6 号楼的庭园设计，将 6 号楼的底层彻底敞开，并将藏露两部分空间围绕"山溪乱石"主题进行组景。6 号楼底层作为溪湾上的沙洲处理，溪水绕洲而行，分级泻石而下，楼阁则跨越溪洲而筑，有"临溪越地，虚阁堪支"的意境。因此，楼阁支柱层从组景上是作为溪湾上的沙洲，而不是楼阁的底层，构成亦藏亦露的庭园空间，建筑空间成了组景构图的一部分。

又如白天鹅宾馆底层的咖啡厅，也是运用庭园式的亦藏亦露空间处理手法。咖啡厅南北开敞，减弱空间的室内感，结合中庭水石景，作完整的组景布局。以石壁、瀑布、山池、溪流、洲屿为组景的主要构成，其间瀑布飞泉，排空而下，直注山池，经山溪石岸渗入客座深处，整个建筑就像跨越在一片完整的天然岩盘泉石之上。透过空间的彻底开放与里外组景的整体性，使两处空间（咖啡厅与中庭）浑然一体，具有亦藏亦露的性格。

亦上亦下

空间结构复杂、起伏较大的庭园布局，因人的视点高低而产生多角度的空间层次和丰富多彩的视觉效果，应高低错落而又上下呼应，由下仰望则上面风光可自下而得，由上向下环顾则下面风景可历历在目，因而"高低观之多致"，俯仰成趣。另外，上下之间又不是截然分开，而是透过壁山、蹬道、级台、坡林、莽丛、瀑布、跌泉等手段作为空间过渡，沟通上下，相互延伸，"上落盘旋，耐人寻踏"。这种上下沟通的空间，往往是结合山地筑庭、因地制宜的结果。即使是平地造园，亦有因强调空间的起伏运用级坡斜廊作上下空间的过渡，师法自然，取得空间亦上亦下不稳定的格局。

1. 壁台

以峭壁为界，因就级台筑庭，悬阁危楼，重蹬险道，与壁下庭园结合，上下沟通，如桂林伏波楼山庭，就是运用自然壁台局的典型。伏波楼临崖负壁而筑，高踞壁上，透过重级复蹬陡堑危台与下面庭园互相呼应，构成整体。

又如苏州残粒园，则有平地造园运用壁台空间格局的意匠。在小院的一隅倚山墙作壁山，壁顶筑小轩，有负壁临崖之势，而以石坡蹬道与地面水石组景相沟通，从小轩可以倚栏俯瞰地面庭园景物，从地面可以仰观飞檐翘角，轩轩欲举。庭园虽小，但亦上亦下，起伏呼应，摇曳多姿。

再如广州泮溪酒家，于中庭西北两面筑壁山，小楼曲折蜿蜒，筑于壁山顶上，壁下为山池局。之字板桥浮于水面，莽丛怪石周于池岸，桥廊亭榭越水参差，与壁顶小楼上下呼应，俯仰成趣。绕池建筑采取分级上升的布局，由下而上与壁顶小楼在空间、位置上互相沟通，由池南游廊起上升过路亭，亭侧上升北走为桥廊，廊尽折而西为爬山廊，分段上升至曲尺小楼，由池面起，绕庭建筑一处接一处上升，沟通上下，产生"上落盘旋，耐人寻踏"的境界。

2. 台阶

在缓坡地段，将坡地分段、分级构成台阶式地势，然后因就台阶筑庭。其特点是庭的空间较平阔，唯建筑布局前低而后高，具起伏之势。如西樵山云泉仙馆内庭，由前庭抬级而登至前门入口为第一段台阶（前庭）；进入门厅，厅后敞向内庭为第二段台阶。庭内凿方池，渡石板桥至彼岸，登石级升至大殿，门厅低伏于前，大殿高踞于后，透过池水、石板桥和蹬道，内通上下，具有明显的动感。

又如苏州拥翠山庄，由门厅经蹬道升至"问泉亭"为第一段台阶；亭后设蹬道升至"月驾轩"，继续上升为"灵澜精舍"，构成前低后高逐级上升的错落开放式庭园，为第二段台阶；"灵澜精舍"之后经蹬道上升与"送青簃"相对，构成前低后高封闭式庭园，为第三段台阶。整个庭园分成三段台阶，均是运用前低后高、上下呼应的空间结构，具有亦上亦下不稳定的流动感觉。

3. 坡庭

利用山坡倾斜的地势作庭，建筑绕庭布设于不同的标高上，透过斜坡的联系，构成高低起伏、参差错落而又有整体性的群体空间。建筑群的体型，作为一组配套的庭园建筑来考虑（如亭台楼阁、廊、榭等），增强群体空间的整体性。因坡筑庭，由于建筑群布局的繁简而有不同的空间效应。

（1）前低后高的建筑群。如避暑山庄的"碧静堂"，因坡筑庭，采用前低后高的建筑群体布局。坡庭为雄浑陡峻的石坡，在坡顶布设建筑群，"碧静堂"居其中，右出为爬山廊，可登至"松鋆间楼"，堂左则沿级廊可下至"静赏堂"；坡下一组"静练溪楼"跨溪而筑，上下两组，前低后高，以倾斜的石坡连成整体性的群体空间，上下呼应，产生俯仰成趣的效果。

又如，广州白云山庄旅舍中庭，庭的坡度较缓，坡尽处则地势特陡，设蹬道爬山廊升至后庭，亦属前低后高两组建筑群的空间布局。

（2）**相错的上下过渡**。在上下两组建筑群中，设一过渡性建筑，位置标高介于两者中间，构成高低错落、轮廓丰富的空间感觉。如颐和园中的"霁清轩"，就是相错的上下过渡手法，建筑群的布局，除在坡顶与坡下布设建筑之处，在坡的一侧亦布设建筑，而其标高则因地形的变化，错居于山坡上下的中间，处于上下建筑群过渡空间的位置。

又如广州白云山双溪别墅的建筑群布局，亦属相错的上下过渡空间，其与"霁清轩"的不同之点，是每处建筑都是一组小院建筑群体，本身也由若干小院组成，坡庭较陡峻，几组建筑之间林木葱茏，灌丛郁莽，构成了有机的整体。

（3）**绕庭建筑分级上升**。这是相错的上下过渡空间进一步的发展，空间层次更多，轮廓也更为丰富，避暑山庄的"食蔗居"就属于这一类型。园门为最低起点，入门右转循曲廊东升至"小许庵"（为僻处一隅的小室），继续循爬山廊上升，折而北至"食蔗居"（为厅堂一类的主体建筑），经此复由爬山廊上升，折而南登"倚翠亭"（位置在庭园的西南角），为全园的制高点。

避暑山庄的"山近轩"亦属以斜坡作庭，绕庭建筑分级上升的空间布局。从殿门开始为庭园的最低起点，左出北折上升至"清娱室"，继续循爬山曲廊东走至"山近轩"，循爬山廊继续上升，折而南至"簇奇廊"，再向上升西行为"延山楼"，是全园的制高点。整个庭园建筑群体空间按一定方向逐级上升，其变化是按一定韵律进行的。建筑群的体型虽具亭廊楼榭的变化，但仍作为一组配合的庭园建筑群来考虑。

上述两例，都是按一定的变化规律，运用逐级上升的群体空间布局，上下沟通，流动舒畅，具有明显亦上亦下的不稳定性。

（4）**综合的亦上亦下不稳定空间**。白天鹅宾馆中庭，实际上是多层的空中花园，其空间结构综合着多种亦上亦下不稳定的因素。

第一，相错的过渡。在中庭的东端设观景台，错列于一二层之间，作为东部上下层的空间过渡；在西端设石山平台，错列于中庭西部的二三层之间，作两层上下的空间过渡；又于中庭北边缺口处设飞梯，透过飞梯的倾斜轮廓，使北边二三层上下得到沟通。

第二，壁台组景。在西端筑山，从池面拔起，悬崖峭壁高达10m；又从壁顶引瀑布飞泉，凌空泻下，与庭内山溪石岸上下沟通。

第三，空中绿化。西方许多中庭设计，往往悬挂彩灯长幡，作为上下空间沟通的手段。白天鹅宾馆中庭则运用空中绿化，来增强上下沟通的感觉，在石壁的不同部位和各层级的花池拦河上下，遍植垂萝；另外运用长短悬索从空吊下芒萁蕨，构成翠羽纷披、参差错落的空中绿化。整个中庭的多层空间，由于综合了上述几种手段，构成了立体性很强且上下沟通的空中花园，亦上亦下的不稳定性格很为突出。

亦真亦幻

中国庭园往往能够在有限空间中创造出无穷的意境，透过眼前景物的启发，诱导人们联想到庭园外面实际并不存在的山林景象。这些景象不是直观的，而是人们在不断接触自然山水过程中，所形成的经验体会导致而来的逻辑推理。正如仇英的《水阁鸣琴图》，画面上并无水阁，也不见抚琴之人，只是在板桥上站着一位琴童和一位做倾听状的士人，水阁和抚琴之人虽然没有出现在画面上，但早已呼之欲出了。

中国庭园中，也有"咫尺山林"和"一峰则太华千寻，一勺则江湖万里"之说，这并不是说在咫尺之地可以包罗大自然的大山大水，包括千寻的太华和万里的江湖，而是透过眼前景物片段，以真求幻，从有限生无限。这个"有限"不是凝固的、静止的，而是不稳定的、运动的，这也就是亦真亦幻不稳定的空间性格。

故乡水

刘来蓬泉

白天鹅"故乡水"中庭（许哲瑶作）

1. 延伸性的意想空间

在庭园有限范围之内，水石组景只能作为自然山水的角落片段处理，诱导人们觉得眼前院内水石不过是院外自然山水的余脉。而所谓院外"自然山水"，只不过是由于院内水石所诱导在思维上延伸出去的幻景。这种延伸性的意想空间，是中国庭园水石组景的精髓。清代叠山匠师张南垣对此有很精辟的论述："今夫群峰造天，深岩蔽日，此夫造物神灵之所为，非人力所得而致也。况其地辄跨数百里，而吾以盈丈之址，五尺之沟，尤而效之，何异市人抟土以欺儿童哉！惟夫平冈小坂，陵阜陂陁，版筑之功，可计日以就，然后错之以石，棋置其间，缭以短垣，翳以密筱，若似乎奇峰绝嶂，累累乎墙外，而人或见之也。其石脉之所奔注，伏而起，突而怒，为狮蹲，为兽攫，口鼻含牙，牙错距跃，决林莽……截溪断谷，私此数石为吾有也。"

这种意境的处理，在北京庭园中运用颇多，如恭王府的前院筑山、宋庆龄故居的筑山，以及据记载李笠翁的半亩园筑山，都是这种延伸性意想空间的佳例。

南方筑山，以石为主。版筑做法遗例不多，可能是土山易毁难以持久之故。佛山群星草堂的"灯山"，有点儿类似张南垣所说"平冈小坂"的意匠。"灯山"筑在厅堂前庭，从厅堂走向平冈，在院道旁的转折处，或左或右，衬以莽丛怪石，或峰或峦，正是"未山先麓"之意。路尽为级坡，坡尽为"灯山"，山高仅 2m，以山石版筑，实土其上，沿级坡版筑上下，罗列峰峦奇石，所谓"错之以石，棋置其间"。又于平冈上植古松、陈石几，供盘旋休息。山后为矮垣，垣外的山林气氛，只能由意想得之了。

白天鹅宾馆中庭水石组景，也是作为延伸的意想空间处理。石壁倚楼而筑，瀑布则泻石奔腾而下，与地面山溪石岸连通，使人感到楼阁是建在深山峡谷之中，而瀑布则源出于石壁深谷之外。庭园空间不是局限于中庭本身，中庭的水石组景不过是"截溪断谷，私此数石为吾有也"。而瀑布的水源, 峡谷的上游等意想的无限空间, 则是透过眼前有限空间的诱发而得, 从而构成了亦真亦幻的不稳定性。

2. 隐喻

古代庭园组景, 运用隐喻手法, 以真求幻, 以实求虚, 从眼前有限实物片段, 诱致无限的意想空间, 早在汉唐时代的宫苑组景中, 就有所谓"一池三山"之制, 比拟海外蓬瀛, 寄想于方外神仙, 求长生不老之术。

南汉刘龑在广州挖"仙湖", 湖上筑"药洲", 亦罗列九巨石, 象征天上九曜星宿之数, 与道士在洲上炼丹, 作为求长生不老之术的仙境, 其遗迹至今犹存, 可谓庭园以"隐喻"组景最古老的历史见证。

隐喻手法可能在唐代已传至日本, 至今在日本庭园组景中, 有所谓的"中岛""蓬莱岛", 象征蓬莱仙岛; 有所谓"龟岛""鹤岛", 则是幸福的象征; 有"泊宿石", 则取喻于驶向蓬莱岛的仙舟。这种以石山组景取喻于仙岛、仙境或者直接象征神仙、星宿等, 无非是仙道玄学的引申, 诱导人们产生一种人间仙境的意想空间。这不过是封建统治阶级的愚昧, 反映到园林组景上的一个侧面。

运用"隐喻"的手法, 用以诱导游人产生一种为人所熟习的诗情画意, 有时还是简练而有效的。如北京一带古典庭园中流行的流杯亭, 很容易使人联想到"兰亭"与"曲水流觞"的意境。特别是乾隆御花园中"遂初堂"右侧的流杯亭设计, 亭隐于石壁之下, 清泉淙淙, 流经屈曲万状的水沟, 象征"兰亭"曲水。而亭的部件设计大样, 如栏杆、挂落等细部, 均重复使用竹节图案, 这些石壁、屈曲的水沟、竹节等形象, 正是隐喻着《兰亭集序》中关于"兰亭"意境的描述, "此地有崇山峻岭、茂林修竹, 又有清流激湍, 映带左右, 引以为流觞曲水, 列坐其次。虽无丝竹管弦之盛, 一觞一咏, 亦足以畅叙幽情", 从而使人在思维上进入兰亭高雅清幽的意想空间环境之中。

浅说中国庭园空间组合

——1984年

中国庭园空间的组合有极其精湛的技巧和丰富的实践经验，其饶于变化但又有韵律感，多彩多姿而又能前后连贯，一气呵成。由于庭园是由"庭"组合而成，而"庭"的本身则存在着大小、高低、藏露、简繁、开放与约束，以至平面构图、组景类型等有诸多不同的变化。这些变化在组合中往往按照一定的韵律安排，使空间产生节奏感，这就是庭园空间组合的序列问题。人们按着这种序列安排进行游览活动，将对整个庭园空间组合产生整体和连续的感觉。因此，庭园的空间组合是带有时间性的四维空间，其中由于组合的方式不同，又可分为规则性和不规则性两大类。

规则性（渐变性）序列

庭园空间组合的变化规律是采取有规则的逐渐变化，一个接着一个逐步展开或逐步收敛，最后推向高潮。

1. 直线展开

这类组合序列的空间变化一般是由小而大，由收而放，由简而繁，由藏而露。下面用几个典型的例子来说明。

（1）**北海公园静心斋的庭园组合**。其中前庭院沿着主轴，由大门、镜清斋和两侧游廊所构成的庭院，是组合的第一段落，范围较小，空间封闭而收束，组景为天井式水庭，水面莲叶数片，中间摆设太湖石一块，内容简单；再进由镜清斋、沁泉廊所构成的庭园，范围较前扩大，空间较前开放，组景内容亦逐步丰富，沁泉廊与水石结合，跨水而筑，点出"沁泉"意境，整个庭院轮廓为开放式的庭院，自然水石的分量较前加重，山峦石岸，古木溪桥，已无内院建筑封闭而独立的性格，是为组合序列的第二段落；继续前进，为沁泉廊后的大庭院，整个庭院作大山的余脉处理，空间更加扩大，更加开放，横峰侧岭，幽谷悬岩，自然的味道更浓，是为组合的第三段落。每一段落都比前一段更加扩大、开放、丰富，作直线的展开。

（2）**广州白天鹅宾馆庭园组合**。由大门进入门厅，以顶光棚、花缸组成的花坛，游廊拦河的垂萝组成门厅中庭，组景简单，建筑味较浓，空间封闭而约束，是为组合的第一段落；透过大厅西面敞廊为宾馆中庭的主体，空间高旷空阔，作进一步的扩展，其间峭壁飞瀑、石岸溪桥，景色丰富自然，是为组合序列的第二段落；穿过西餐厅再进入，为露天的泳池与"鹅潭夜月"主景，空间继续扩展，较之第二段更为开阔，与南面的珠江河面波光帆影融合一体，"月色江声"为庭园组合序列的高潮，是为组合的第三段落。

（3）**苏州怡园的庭园组合**。也是属于直线展开的类型。由前门小院进至"四时潇洒亭"，为一封闭性庭院，空间初步展开，再进为"坡仙琴馆"庭院，空间较前更宽、更开朗，古木湖石，蔼萝数丛，透过复廊漏窗，可以隐约窥见主庭景色，空间虽封闭，但尚未封死；由此继续再进，是为怡园主庭，高旷开阔，山岭连绵，空间极度展开，是为怡园组景高潮所在。

2. 逐段上升的直线展开

在山坡地筑庭，直线展开往往结合逐段上升进行。

（1）西樵山云泉仙馆的"一棹入云深"庭院。从前院进至主庭，是直线展开而又逐段上升的组合序列。前院狭小封闭，筑于缓坡上，本身分两段蹬道上升，夹道种方竹两丛，清幽简练；穿过门洞上升至主庭，主庭亦筑于山坡之上，"一棹入云深"船厅在坡脚临崖而筑，与坡顶的"唾绿亭"相呼应，庭南为"守真阁"，北为"戴云精舍"；层层顺坡分级而起，院内山坡分级筑垫作庭，栽竹成林，古榕攀根缠石，固附壁上，修柯撑云，如走龙蛇。由"一棹入云深"凭高眺望，平湖密林，前景开阔，经前院至此，空间由小而大、由简而繁、由藏而露、由低而高，极高低错落之妙。

（2）广西陆川的谢鲁山庄庭院。该庭院是逐段上升的直线展开典型。山庄筑于坡上，山门前院设在坡下地坪上；转入中庭，上升一段，空间略作展开；继续上升，是为内庭，与中庭高差较大，削坡筑垫，蹬道盘旋，空间进一步扩大；由内庭继续上升，是为后庭，因坡作庭，与后山连成一片，空间延伸于无限，山顶筑亭，有安景山巅之意。

3. 折线展开

这类型序列和直线展开的区别，在于展开的过程不是连续不断地一个接一个，而是有收有放，分成数段，后一段比前一段更为开放，构成折线型展开。下面用两个实例说明。

（1）广州泮溪酒家庭园组合，属于折线展开的典型。经过门厅转入前庭，由厅堂及桥廊等构成封闭性的庭院，地面以白石铺砌为主，庭院西侧点缀水石树丛，略有庭园趣味。穿过桥廊，空间作第一次展开，以山池为组景主题，石壁蜿蜒于西北，山楼则负壁而筑，南岸游廊与东面桥廊高低衔接，池面上曲桥低平水面，与北岸石山委婉相通，景物多姿多彩，与前院的平庭组景对比，具有由简而繁的变化，是为序列的第一段落。其本身空间处理就有一收一放的变化。

穿过山楼进入"榕荫庭院"，空间没有继续展开，而是相反地作了收束。中间有古榕一株，封闭而简单，庭西临湖筑水榭数楹，榭西面临内湖，湖面开阔，空间再度扩大，豁然开放，湖面有岛；水际筑水楼亭榭，其南架桥与南厅相通，湖北设酒舫，与东岸晚霞楼相接；绕湖建筑参差错落，起伏虚实，饶于变化，林木掩映，烟水迷茫，正是"楼阁参差半有无，溪云浦树隐模糊"，空间与组景作极度的展开，是为序列的第二段落。其本身亦一收一放，但较前一段落作了更大的扩展。折线展开由于每一段落都有一收一放的变化，故而空间有更多的层次感。

（2）**顺德大良旅行社，亦属这一类型的组合序列。**由门厅进入一封闭而约束的小院，组景为花木平庭格局，左转穿月洞，进入以山溪为组景主题的中庭，空间作第一次展开。深远开朗，丰富自然，长廊浮水，乱石组立于廊边水次，廊的右侧隔水为高岸山斋，左侧隔水为低平水面的水厅，强调溪涧地势的起伏，是为组合之第一段落。

廊尽左转为过渡性小院，空间又作收束，其间散点黄石数丛。出小院左折入敞厅，三面敞开，其南北两面庭院空间作更大的展开，组景以溪口跌水山池为主题，与中庭山溪取得协调连贯；其间布设山池乱石，飞泉泻石而下，分级跌水，绕敞厅流至厅南广池，池水又与中庭山溪支流相接，汇集而成广阔平湖；从敞厅左顾右盼，南北两庭，池水浸地，飞泉乱石，构成全园组景高潮，空间亦作极度的扩伸，是为组合的第二段落。

4. 直线收敛

这类型的组合序列与直线展开恰恰相反，其特点是庭园组合序列由大而小、由开放而约束，下面举两例说明。

（1）**苏州艺圃（即文园）庭园组合。**从园门入口首先接触到主庭全景，空间广阔而开朗，池塘居中，池南筑山，池北临水面筑水榭数楹，水面、筑山与水榭之间构图集中，对比明显，空间开阔，组景丰富多彩，为庭园组合序列的第一段。

从主庭转入"浴鸥小院"，组景以自然水石为主，为主庭水石景的延续，但空间以院为界，属封闭性处理，并作第一步的收敛，是为组合序列的第二段。

从"浴鸥"继续深入为"芹庐小院"，为封闭性三合院，空间作进一步的收敛，组景只作平庭花木摆设，是为组合序列的第三段。

庭院规模由大而小，空间由开放而约束，组景由丰富而简约，此是庭园组合序列中直线收敛的典型。

（2）**广州白云宾馆庭园组合**。宾馆有广阔的前庭，结合交通功能，保留了大片丘陵古木，筑垫塑壁，横引飞桥，移植巨榕，引泉汇流，餐厅屋越水面，作水楼体型，整个前庭空间广阔清旷，组景丰富，是为序列第一段落。

由餐厅过渡至中庭，规模缩小，空间收束，为封闭性庭院。院内巨石古榕，紧接餐厅北侧，瀑布飞泉，接于梯后，多层庭院结合树、石、飞泉而相通，其间组织溪桥乱石，构成多层次的幽邃内庭景色，空间虽作初步收束，但能诱导人们联想，有无尽的山林意境，是为序列的第二段落。

由中庭经大厅转至后院，空间作进一步的收束，古木立石，组景简单，是为序列的第三段落。

5. 逐段上升的直线收敛

直线收敛亦有结合逐段上升进行，沿山溪造园，分段筑庭，采用上升的直线收敛尤为适合，广州白云山山庄旅舍就是这类组合序列的典型。

从前门进入前庭，组景以溪口山池为主题，环境空阔高旷；于池北高处建餐厅，体型狭长，窈窕轻巧，作船厅形，可以俯览前庭；绕池古木扶疏，低丫拂水，池东西为山林坡地，整个前庭清虚疏朗，富于山林野趣，是为序列的第一段。

循坡道绕船厅东侧转至中庭，规模较前庭缩小；餐厅蛰伏于庭南，旅舍客房则高踞北首，前后连以爬山游廊，高低衔接，蜿蜒有致；东西两侧为陡坡密林，空间较前收束，建筑比重较大，是为序列的第二段。

从中庭拾级而登，穿过门厅，转入内庭，为一封闭性庭院，规模较中庭进一步缩小，空间亦进一步收束，石岸溪桥，树木掩映，遥岭叠翠，云影波光，绕池建筑前低后高，参差错落，是为序列的第三段。

过小桥继续拾级而登，进入"三叠泉小院"，空间作极度的收束，组景运用隐喻手法，以黄石嵌壁，清泉滴沥，经三级壁石下注于萤石小池，诱导人们有深山岩谷、瀑布飞泉的联想，超出有限的空间之外，是为序列的第四段。

不规则性（突变性）序列

不规则性序列庭园空间组合，不是采取多层次的空间层层展开，而是在大小、明暗、藏露、高低之间采取突然变化，从而产生一种戏剧性的视觉吸引力，从对比中产生高潮。在规模较小的庭园中，往往采用这种序列组合，如苏州的壶园和残粒园，都是小型庭园采用突变性序列的典型。这种突变性序列的产生，可采取一些不同的途径，大致如下。

1. 从室内到庭园的突变

从室内空间到庭园空间的突变，是明暗、大小、藏露、人工与天然之间的突然变化，对比强烈，正如沈三白所说："轩阁设厨处，一开而通别院"。所谓"虚中有实"，正是这种突变性序列的具体运用。

（1）**苏州耦园中的西园**。从正屋大厅前巷西行穿洞门进入小轩，三面敞向园亭，"织帘老屋"面向疏朗的庭园空间，从室内进至园亭，明暗、藏露截然不同，但两个格调不同的空间紧密相接，是由室内紧接室外的一种变化。

（2）**广州北园酒家**。从大门进入门厅，室内空间封闭而约束，藏而不露，从门厅将要转入什么空间，事先没有任何启示。右转入西厅前一步廊，突然呈现一片开阔高旷、明快多彩的园亭局面，溪水注于庭中，斋馆亭榭绕庭布设。从门厅室内转至此中庭园亭，对比强烈，构成戏剧性的突变视觉吸引力。

2. 带有小院前导空间的突变

在进入主庭之前，带有一段小院的前导空间，虽也点缀一些花木，但空间狭窄曲折，封闭紧逼，于此有"山重水复疑无路"之感，但就在这"山穷水尽处，一折而豁然开朗"，构成强烈对比。苏州的留园、番禺的余荫山房、广州的矿泉别墅，均属这种类型的变化序列。

（1）**留园**。从园门进入，经"古木交柯""绿荫轩"两处小院，曲折封闭，廊窄檐低，有强烈的压抑感，正是"山穷水尽处"。进入"绿荫轩"的临池小榭，虽可略窥"曲溪楼"一面，但又可望而不可即，诱导人们急于进入主庭之内，置身于自然景物的环境之中。

出"明瑟楼"临水平台，水面开阔，全园景物尽收眼底："典溪楼""西楼""清风池馆"参差错落于池东，蜿蜒曲折，窈窕多姿；池岸西北山势连绵，"闻木樨香轩"与"可亭"分踞西、北高岭。从"古木交柯""绿荫轩"小院空间的压抑感，至此作极度展开，戏剧性的突变，使人感受到豁然开朗、别有洞天的意境。

（2）**余荫山房**。入园门，经过一段曲尺小院，委婉迂回，狭逼压抑。转出门洞，空间解放，全园景物突然呈现眼前，左为"深柳堂"，与"临池别馆"隔池相对，右为八角水厅，曲水萦回，与"临池别馆"水池相通，两庭之间以桥亭堤廊作过渡。全园开阔而有起伏，开朗而有层次，回廊曲栏，草木茂盛。从小院至此，真有"山穷水尽处，一折而豁然开朗"之感。

（3）**矿泉别墅**。矿泉别墅5—6号楼庭园的前导空间，也是一段狭长低矮的小院，在空间上欲扬先抑。穿过小院尽端月洞，即进入开阔高旷的庭院。全庭以山溪跌水为主题，自南而北，绕台分级泻下。桥边岸次，乱石随意堆列。隔岸沿溪栽竹成林，浑厚天然，清奇古雅。前导小院与主庭之间，空间与组景的变化出于突然，对比强烈，视觉吸引力的高潮产生于不规则的突然变化。

3. 上升的突变序列

在两处高差较大的地段，由低处经过一段室内空间上升至高处的室外园亭，人们在这种环境活动中，将会感受到高低的差别、景观的变幻，产生一种别有洞天、攀登奇境、出人意料的感受。下面是两种上升突变的实例。

（1）**西樵山白云洞"扶摇直上"一景**。由云泉仙馆右侧小院进入，内有重屋倚崖而筑，题额为"扶摇直上"。屋内凿石岩为蹬道，接以云梯，拾级而登，梯尽出屋外则空间突然从室内的封闭约束中解放出来，呈现高旷明朗的山林野趣，飞泉乱石，蹬道入云，接崖而起。继续攀登转至"小桃源"，石祠古庙，幽谷泉声。

从云泉仙馆侧庭起，以"扶摇直上"室内空间为过渡，上升至"小桃源"，由低而高，由藏而露，空间变化出于突然，品题石刻，使人迅即联想到已进入桃源胜境。

（2）**天台花园，实质上也是上升的突变序列**。沈三白的《浮生六记》中有所谓"重台叠馆"之说。广州东方宾馆在楼顶天台上，结合总统套间构筑园亭，庭内塑石栽花，绕池设曲廊亭榭，远山叠翠，高楼古塔，历历在目。从电梯间内极度封闭约束的空间，迅即上升至屋顶花园，空间极度解放，对比强烈，造成戏剧性变幻的效果。

岭南庭园概说

2001 年

缘起

20 世纪 60 年代初期，我与夏昌世教授合作对岭南庭园进行实地调查研究，并于 1963 年发表《漫谈岭南庭园》一文，迄今已 38 年了，其间又合作撰写《粤中庭园水石景及其构图艺术》的专题论文。此后我因从事一些具体工程项目中的庭园与建筑文化内涵同构处理，对纯庭园的设计与理论无暇作进一步探索，已停滞多时。

古史钩沉

1995 年，广州考古部门人员在广州市中心区发掘出2100 年前的南越国宫署遗址，并认为是南越国宫苑所在。其中发现一个初步估计为 4000 ㎡的水池，池中有散落的石柱、石门楣和一些砖石建筑构件。考古和发掘人员指出，南越国宫苑的发现，首次在考古学上提供了一个比较好的宫苑实例，而且在时间上它比汉武帝的建章宫太液池早六七十年。

关于古代宫苑形制，从《诗经》中可知，西周文王时代其宫苑中已有池沼、园囿之设。由于自然环境、社会文化等的差异和发展，至汉武帝建章宫太液池，已形成池沼、一池三山的结构布局。南越国宫苑在时间上与汉武帝建章宫太液池相距不远，其形制与后者可能较为接近。正如考古专家的意见，目前已发掘的南越国宫苑遗址，包括水池遗迹在内，还不是宫苑的全部。所以，要全面认识和评价南越国宫苑遗迹，尚有待进一步的考古发掘工作。

已发掘水池池底东北角处，有一条导水的木质暗槽，这条木质暗槽是将石池之水向南导入曲流石渠的。曲流石渠位于水池之南，已属于另一个院落空间。它自北而南并逶迤向西，由于地势东高西低，渠水呈东西流向，同时陂渠高出渠底 21cm，起阻碍作用，令渠中蓄留浅水而不至于干涸。

渠底清理出少量龟鳖残骸。渠中又有三个"斜口"，因渠旁发现有"沙池"，故"斜口"可能是专为龟鳖爬行进出而专设。

在东头有一"弯月形水池"，平、立面均呈弯月形，凹入地下如水池状，南北之间宽 7.9m，两头均向西开口。此池底比曲渠的底要低出 1.5m，两开口处的底部弯斜与曲渠相连，东壁和西壁的石墙均用条石垒砌，平面呈圆弧形。池中还有两列直竖的大石板（高 1.9m）紧贴东壁作隔墙，把石池分隔成三间，其中正间较宽，两次间较窄，次间的当中又各竖一根八棱形石柱（直径 23cm），柱头尚见一个高出 7cm 的凸榫位于柱心，可见其上部原来还有构筑物连接的。

清理时发现接近底处有几百个龟鳖残骸。此处似是蓄驻龟鳖之处，而整个曲渠则是龟鳖活动游息的场所。整个曲渠和弯月形水池构成了一个供龟鳖蓄驻和游息的饲养龟鳖的整体环境。

关于食用龟鳖，史书上已有具体记载。但关于饲养龟鳖的设施，则未见史书文字记录，也未有考古出土实物展现。广州考古人员发掘并展现出的饲养龟鳖设施结构[1]，填补了这方面的空缺，其意义是非常重大的。因此，我在这里根据考古人员的文字资料做了较为详细的介绍。

庭园概况

秦汉以后的岭南园林，目前尚留遗迹的，有五代南汉时（917—971）刘龚在广州开挖的仙湖。湖宽约 1500m，其南界约在今广州之惠福路、西湖路，北界在今之中山路、黄坭巷（吉祥路），东界在流水井、大马站，西界在起义路。湖上筑石洲，绕洲罗崎九巨石，象征天上九曜星宿。传刘龚聚方士于此炼丹，又名药洲。宋元之际，仙湖仍为都人文士清游胜景。宋代题刻甚多，其中有米芾所书刻石"药洲"碑，至今犹存。明清以降，日渐于积，或辟作官衙，庭园范围已不足 $4hm^2$，但药洲与九曜石一景，遗迹尚存。咸丰年间，顺德画家苏六朋作《药洲品石图》，其构图意境，仍能于现有残迹中，仿佛得之。据《广东新语》谓，在广州，除城东之东皋别业外，在城西、城北还有西畴、显德园、花坞、华林苑、望春园、芳华苑、斐园、甘泉苑诸胜，其中一部分是南汉时物[2]。

岭南庭园是泛指散处于五岭以南的粤、桂庭园而言，比较集中于粤中、潮汕和桂林等处。这些庭园，是中国传统庭园艺术的组成部分。但由于各地的地理环境、历史背景、社会发展历程，各有不同的因素，因而各自形成本地庭园艺术的一些地方特色。

药洲品石图（叶荣贵改画）

　　潮汕一带造园艺术，远源江浙，接近闽南，庭园多"水石园"之作，如潮阳西园、澄海西塘，是该地区水石园的代表作。桂林雁山园是岭南庭园中的山庄佳构。粤中河网平原地区，地腴民富，筑园多"池馆"精品，如顺德的清晖园、番禺的余荫山房、东莞的可园，素称岭南名园。至于粤中的"山庄"结构，则有西樵山云泉仙馆的"一棹入云深"和广州的纯阳观（该观已为庸工修毁，万劫不复了）。佛山梁园内的群星草堂高爽清雅，为岭南水石园之冠，惜因废弃多年，古松名石，荡然无存，修复工作未如理想，仍有待于复原优化。广州逢源大街陈宅后园，为水石园的精品，石景筑山用"包镶"之法，造型拳曲飞舞、剔透玲珑，在国内筑山艺术中别具一种风格，为岭南筑山的佳作。

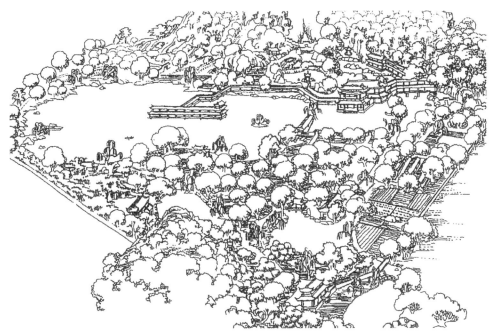

桂林雁山园（叶荣贵作）

石景筑山

岭南石山构筑，由于就地采料不同，运用不同工艺，形成不同风格。

1. 潮汕地区水石园

筑山结构以石景壁山为多，所用石料主要为大块花岗顽石，圆滑而无纹理，体大笨重，只能用起重堆垒之法。垒筑起来的石景，披以苍苔薜荔，另有一种古拙浑厚之态。其中西园与西塘的水石布势，尤为出色。

（1）**西园壁山**。布势采取李笠翁所谓"壁代照墙"的手法，增高照墙壁山的高度，缩短山与视点的距离（壁山与对岸书斋隔水距离仅 3～4m）。其端点斜接书斋，结构呈"庵"，"使座客仰观不能穷其颠末，斯有万丈悬崖之势，而绝壁之名为不虚矣"（李笠翁语）。

（2）**西塘壁山**。采用前山后壁的布势，面临庭院的壁山临溪，隔水为"六角拉长亭"。由于山高仅3m，亭的构筑采取压低檐口板的办法（仅2.45m），坐亭望山，正是"目与檐齐，不见石丈人之脱巾露顶"（李笠翁语）。北面临园外大水塘，悬崖峭壁，隔岸远眺，山浮水面，老树盘根，危楼枕石，深得李笠翁"前山后壁"的意境。

广州逢源大街某宅庭园叠石（叶荣贵作）

2. 粤中庭园石景

筑山着重于意境的表达，着墨不多，在一定空间范围内，运用天然山势的片段，诱导人们联想，所谓"片山多致，寸石生情"。也就是说，人们在观赏石景时，就能对景物进行感情移入，在物意之间，产生无限的意境。

石景的造型根据石山匠师的品题（匠师们称为"喝景"），名堂繁多，如"夜游赤壁""风云际会""狮子滚球"，等等。这些石景造型的"名堂"，均由"三峰"石组演变而来。广州逢源大街某宅花园，有"三峰"石一组。所谓"三峰"石的结构，居中为玄武主峰，劈峰居左为青龙，居右为白虎。下面是几个名堂之石景造型的例子。

（1）**夜游赤壁**。顺德清晖园的斗洞，广州泮溪酒家的楼前壁山（1960年完成），均属此类型，由几组峰石逶迤相连，虽无显著的主峰，但仍具峰峦起伏之势。

（2）**风云际会**。造型挺拔峻秀，广州逢源大街某宅后园的"风云际会"石景，是这一类型的典型。其特点是三条登山蹬道互相交会，组合而成主峰，取意几条巨龙交相缠绕，会合于峰顶，上落盘旋，忽散忽聚。其西蹬道沿西壁攀登峰顶，其余东、南两蹬道，分别由山麓入口，盘旋洞内至半途会合，继续上升至顶与西梯交会。

（3）**狮子滚球**。在广州逢源大街某宅后园，有一组石景，形态比较平缓，无峻峭之势。主峰石狮子回头，其下有洞，加强其活泼动态，左右劈峰较平矮，象征狮子的肢爪和绣球，有蹬道盘旋而上，可攀至上面的山洞。石景的包镶筑山法，是按石景的造型要求，以顽石块裹铁筋为坯，然后用有自然纹理的英石片，顺着纹理包在坯外，构成具有整体性的自然石景。

用包镶筑山法，可以构筑任何形态的石景。《扬州画舫录》中曾载有此种筑山方法的概念，但扬州现存石景的构筑，多为"叠山"之法，还未发现过包镶之法筑成者。总之，用包镶法可以构成大小、虚实、动静等多种变化的体型。但所谓"喝景"之"名堂"，只可作为创造时的初步构思参考，不应为程式所限，须应环境要求，师法自然，妙在似与不似之间，引起人们的联想，最忌追求形似，缺乏自然生态，产生庸俗的低级趣味。

广州逢源大街某宅庭园"风云际会"石景（叶荣贵作）

粤中"池馆"庭园

1. 水型

采用池塘驳岸形式，平面以方塘为主，间亦有八角形者。绕塘筑花几，上面置盆景摆设。清晖园的主庭水塘为长方形，规模也较大（约30m×15m），绕塘布设楼堂馆舍，为"池馆"结构的典型模式。余荫山房的池塘则分成一方形、一八角形两处，其间连以小涌，两塘本身则各形成一个庭园空间，构图较为丰富。东莞的可园、广州花地杏林庄的池塘都以荷花池为主题，规模较小，均为方塘驳岸结构。

2. 池塘庭院的空间布局

结合池塘的平面几何图形，布设楼堂馆榭，桥廊苑路平顺自然，不故作曲折起伏，便利起居。以清晖园主庭水院为例：池塘为长方形，平远开阔；绕塘建筑群以体量的大小，体型的多样，位置的参差，高低错落，构成带有间歇性韵律变化的序列，使人游息其间，既有舒徐闲逸的感受，又觉得楼台倒影摇曳生姿。在珠江三角洲平原地区，疏朗平阔，因而造园设计辅以人为意识，丰富其序列变化的韵律感，自然美与人工美交融，渗入起居生活中。

因此，"池馆"的庭园风格，是比较入世的，较易融合于世俗的起居生活，与侧重于模仿自然美，且作遁世隐居生活"水石""山庄"的庭园风格有所不同。下图是清晖园池馆建筑空间分析，整个庭院建筑群虽变化多样，但与池塘水面连接成为有机的整体。

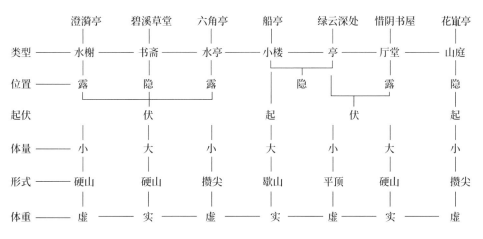

	澄漪亭	碧溪草堂	六角亭	船亭	绿云深处	惜阴书屋	花㟭亭
类型	水榭	书斋	水亭	小楼	亭	厅堂	山庭
位置	露	隐	露		隐	露	隐
起伏		伏		起	伏		起
体量	小	大	小	大	小	大	小
形式	硬山	硬山	攒尖	歇山	平顶	硬山	攒尖
体重	虚	实	虚	实	虚	实	虚

清晖园池馆建筑空间

3. 粤中"池馆"建筑的装修

（1）**格调**。"池馆"建筑装修，因不同部位、不同的建筑类型而有所不同。在一些亭、馆、廊道、隐僻的过厅等次要地方，以自然简朴为主，但要能在平凡而不着迹之处，着墨不多，略施人巧便成雅观，出人意料。如余荫山房的游廊拱架，采用卷草构图；群星草堂的前出一步廊拱架，采用博古构图，均结合结构部件的需要，略加调整，便成外檐装修的精品，是庭园建筑装修中"简而文"的佳例。

另外，在一些花厅、楼堂处所，需要有"宏敞精丽"的格调，如余荫山房的深柳堂、清晖园的船楼，为园中装修重点，其间木作雕刻着意求精，特别是深柳堂的碧纱橱和厅房隔断，均用原色楠木通雕，淡雅玲珑，是"华而雅"的佳作。

（2）装修与陈设的结合。室内装修往往结合陈设考虑其分位、尺度比例，如在厅室分隔处所用屏门格扇，用书画条幅的分位比例，格心是画，而其花边及上下束腰则相当于条幅衬托，一组屏门则相当一组书画条幅。

又如，一组满洲窗是由9～15扇组成，相当于一组斗方合锦的画组构图，窗心相当一幅斗方画，而心外又相当于画外的绫裱。这些屏门、窗页，既是装修又是工艺画（或直接用画做格心或窗心），兼有装修与陈设的功能。

晚清以来，由于套色玻璃的引进，将套色玻璃加工成格心或窗心的彩色玻璃画（这些玻璃画有脱地和留地两种做法）。将玻璃画镶在明暗光度之间，玻璃彩画颜色的明度和彩度都得到极好的发挥，晶莹通透，富于"华而雅"的色光效果。邱园（光绪年间顺德龙山）的"绛雪楼"题咏，对彩色玻璃窗的色光效果，曾有极好的描述："招得紫云片，来嵌绛雪楼。朝晖看万变，雾月散千愁。绚灿新裁锦，聪明净涤瓯。文心传曲曲，传遍画阑收。"

花木栽植

1.景栽

庭园栽植花木，需要结合具体环境，以一定之诗情画意为蓝本，经过构图组织，表达其意境，比一般绿化栽植的概念，更富于人们的感情移入。这就是我们所谓景栽的含义。

景栽的结构组成，除了必不可少的花木主题以外，还有水石、廊道、庭院空间等，有些甚或借助于自然景象，如风晨、月夕，借以构成具有诗情画意的所谓景栽。如邱园"淡白径"一景，是"由梅径而往，右通香国分区处，径中旁植梨花，隔岸又多杨柳"，晏同叔曰"梨花院落溶溶月，柳絮池塘淡淡风"，显然，"淡白径"的景栽是以上述两句诗情为蓝本，它的景物构成包括梨花、院落、苑道、池塘，对岸的杨柳还要结合溶溶月色、淡淡柔风，才能在一定的时间和空间中表达这一景栽的意境。

2. 格调

岭南庭园景栽，在明末已有一定水平。据屈大均《广东新语》的描述，当时陈大令在广州城东筑"东皋别业"，将全园花木分成五个区，"其花不杂植，各为曹族，以五色区分。林中亭榭则以其花为名，器皿几案窗棂，各肖其花形象为之。花有专司，灌溉不摄。司梅者则处梅中。客至梅中，司梅者供其茗果，而以梅之利输主人。他所有花木皆然。"这种以花色分区，并以该区所植花作命题，区中建筑、装修陈设以至服务供应等审美形象，均以突出命题的内涵为构图依据，在诗情画意之外，更着重于人为意志的表达。

在筑园期间，其弟陈子壮曾参与策划，子壮为明末抗清烈士，在此表达其英烈之气，或有可能。子壮曾于白云山筑云淙别墅，内有"无畏岩""清泠菴"诸胜，并以少陵名句榜于门外："天下何曾有山水，老夫不出长蓬蒿"。身在园墅，心怀时疾，其造园格调，应与一般士大夫寄情遁世有所不同。诗中陆游，词中辛弃疾，多忧时伤国之调。在庭园格调中，子壮占此一席，庶几无愧。

3. 景栽与环境特征

岭南庭园隙地不广，只能运用间接联想的手法，突出庭园环境的特征，表达某些具体自然风景的意境。自然界中往往有些花木品种，适应于某些特定的环境；特定环境中的常见花木，当人们看到时，便会联想到与此相适应的环境，领悟其特定的诗情画意。如《园冶》所云："梧阴匝地，槐荫当庭，插柳沿堤，栽梅绕屋"，便说明景栽与特定建筑环境的关系。至于本地特有的花木，更宜移植庭园中，为岭南庭园不可或缺的品种。

（1）**水松**。最具岭南庭园景栽特色的首推水松，《粤东笔记》有云："广中凡平堤曲岸，皆列植以为观美"。水松形态清疏挺劲，多见于河网地区（惜近年伐者多，栽者少，已日渐凋零）。佛山群星草堂、大良清晖园、楚香园以及广州兰圃等池边曲岸，均有栽植，是岭南庭园常栽的品种。

清中叶，许多行商筑园多植水松以为美景，伍家花园题为"万松园"，潘家花园内有"六松园""义松园"等。清末诗人张维屏在芳村筑"听松园"，

群星草堂庭园水滨所植水松

并以园名为主题作诗云："水松排列护江村，风起涛生籁自喧。也与山松同一听，此园宜唤听松园。"

（2）**榕**。粤中村前村后，多植巨榕，塘边水次，浓阴覆地，为村民叙谈休息佳处。庭园中有此一景，令人联想到粤中村野的岭南风光。泮溪酒家有巨榕一株，枝干横空怒出，满院生阴。梁园的汾江草庐东侧亦有巨榕

一株（已毁），其侧筑小阁，题为"榕阁"。清中叶，广州河南潘家花园内，有"榕阴小榭"一景。

（3）**岭南佳果**。异地所无，植作庭园景栽，更显本地风光。如可园于园中植荔枝，筑小榭于前，题为"擘红小榭"。汾江草庐在池东岸构"水榆坞"一景（已毁），水榆为岭南塘边水岸常见风景树，枝干横斜水边，探水而生，极为茂盛。与此类似探水而生的果树还有蒲桃、红枝蒲桃等。洋溪酒家沿湖植红枝蒲桃甚多，前庭所植两株，秋冬前后红果压枝，掩映堂前，洋溢着与客共乐的气氛。

（4）**竹**。栽竹为园林常局，南北皆然，岭南庭园因环境空间关系，亦多以竹组景。

手法一：沿墙列植。增加墙面的层次感，如云泉仙馆内庭水池西侧。

手法二：夹墙种竹。与邻园界墙之间种竹，互相资借，园景更为深远，如余荫山房与瑜园相邻，各留墙界，墙间隙地种竹，竹势甚茂，高出墙头之上而不觉其有一墙之隔。

手法三：竹径。如广州南园，从入口处右转，渡小桥沿竹径进入小院餐厅，竹径由小径两旁参差栽植的几丛金丝竹构成。广州兰圃入口前院植竹林，沿竹林边铺径直通二度园门。

手法四：运用竹林与建筑的位置关系，构成建筑与竹林掩映之容。"掩"可以理解为建筑为竹所遮掩，藏于竹林之内。广州花地杏林庄内有"竹亭烟雨"一景，翠竹满庭，结亭林下，幽静深邃。《杏林庄题咏》有云："结构深篁处，亭前竹万竿，淡烟笼叶底，疏雨出林端"，正好说明这种空间关系和意境。西樵山云泉仙馆山庄内，就山筑亭于上，亭下栽竹成林，题为"睡绿亭"。《园冶》中所谓"木映花承"，又云"架屋蜿蜒于木末"，正是"承"和"末"的空间关系，而"睡绿"的命题，亦是亭居竹林之上的意境。

粤中庭园艺术风格与国外的交流

1. 对国外的影响

16 世纪初期，葡人占澳门，约在 1557 年间，由 Camocus 在 Dr Drum 花园中以大块卵石在小丘上筑石窟，并筑亭于其顶。石窟（洞）上筑亭，颇具中国园亭趣味，是最早的外国人在中国所筑的石景。

1655 年，荷兰人纽浩夫由广州前往北京途中，在广东境内的一个村庄，见到一座叠石假山，"进村之前很远，就见到一些悬岩，它们被艺术和劳作雕琢，叠落得如此精彩，以至远远地见到它们就使我充满了钦敬之忱，可惜新近的战争破坏了它们的美，现在只有从留下的残迹去判断它们曾经是多么富有创造性的装饰品。……为了对这座人造的悬岩峭壁异乎寻常的奇妙表示敬意，我测量一下其中一个破坏得比较轻的，它至少还有四十尺高"[3]（按：四十尺约为 13m）。

另据包乐史（L. B lusse，荷兰学者）和庄国土（中国学者）的研究，认为纽浩夫（又译尼霍夫）所经过的地方，为江西省万安县之彭家凹。1655 年随荷使访华的尼霍夫于次年 4 月 18 日经过江西万安，在彭家凹见到一座假山，"在该地的入口处有几座人工造成的式样古朴的假山，但是非常可惜，大部分都毁于战争了，其中最大的一座约有 13m 高，上下二层，各有 4m 宽，人可沿圆梯登上。这些假山都是用黏土和类似黏土的材料堆积而成，其形状自然逼真，体现的艺术性和创作性令人惊叹不已。"[4]

我还没有机会去考证实在的地点，但从假山造型的玲珑通透，飞岩悬壁，洞穴生奇，有可能是运用"包镶"的筑山方法，才能这样挥洒自如。这可以说是早期的西方来客，受到中国庭园艺术风格的吸引，发出了认同的赞赏和回响。

Peckinson 的假山，Joham Nieuhof 作
引自《约翰·尼霍夫著〈荷使初访中国记〉研究》

　　1742—1744 年间，英国建筑师钱伯斯两次来广州，由于他具备建筑和园林的系统专业知识，无疑对岭南庭园艺术风格有较为深刻的认识。他在 1757 年写了《关于中国庭园布局》一文，开头就说在广州所见的都是规模较小的庭园。另外他曾多次向当地著名画家请教有关中国庭园艺术的问题，所以自信对这一课题有充分的认识。

　　他首先认定中国的庭园艺术，自然是追求的榜样，而其目的则是模仿自然美的不规则性。他认为庭园布局首先要考察园址的地形和环境，选择那些与自然地貌相协调的布局，在园址内布设几个不同的景，沿着迂回曲径到每个赏景点；又指出中国庭园完善之处，在于这些景之多、之美和千变万化。他还认为，从大自然收集赏心悦目的景物，致力于最佳的组景方法，这不仅表现出各处组景的本身，同时也要组成一个美丽而完美的庭园风景线整体。

　　这些理论在《园冶》中的"相地"一篇，早已论述得更深刻和更有系统。不过在 18 世纪中期，一个外国人对中国庭园艺术风格理论有了这样的体会，实在很不容易。在 18 世纪后期，钱伯斯在伦敦附近设计了一座庭园——丘园，园内筑了一幢中国式砖塔，由于砖塔的设计较为真实地反映出中国建筑风格，一时推动了仿"中国式"花园的高潮。

在 18 世纪至 19 世纪初期，正是广州行商垄断中国贸易的盛期。当时来广州贸易的外商，只能按官方规定，在十三行的商馆内活动。每星期的假期，允许这些外商到有关系的行商公馆别墅里，放假休闲一天。因此，当时行商在城郊区筑园设馆，盛极一时，其中潘启官花园、伍浩官花园尤为著名。

潘启官[5]花园建在广州河南的龙溪乡内，里面有"秋红池馆""清华池馆"等。伍浩官[6]花园建在广州河南的万松园，内有"清晖池馆"诸胜。潘仕诚[7]所建海山仙馆则在西关泮塘。此前，潘长耀[8]也在西关建有花园别墅。

外商们对岭南庭园可以亲历其境，而且采购许多岭南庭园风景建筑的外销画，使外商对岭南庭园艺术风格的认识更加形象化，使岭南庭园艺术对外的影响也更加深远。在这期间，是"中国式"庭园风格在欧洲传播的极盛时期（请另参考拙文《广州行商庭园》）。

2. 中国园林和岭南庭园对西方庭园艺术风格的吸收

清乾隆末年成书的《扬州画舫录》中，所记扬州瘦西湖"荷蒲薰风"中之怡性堂："敞厅五楹，上赐名'怡性堂'。堂左构子舍，仿泰西营造法""仿效西洋人制法，前设栏，构深屋，望之如数什百千层，一旋一折，目眩足惧，惟闻钟声，令人依声而转。盖室之中设自鸣钟，屋一折则钟一鸣，关捩与折相应。外画山河海屿，海洋道路。对面设影灯，用玻璃镜取屋内所画影，上开天窗盈尺，令天光云影相摩荡，兼以日月之光射之，晶耀绝伦"，从构造、用料到环境气氛，都反映了外来的影响。

扬州现存的何园和个园也是以楼房为主体的"连房广厦"建筑庭园风格，东莞可园的透视空间轮廓比起何园和个园起伏更大，楼房的组合体型更丰富，可以说是吸收广州十三行建筑的"连房广厦"风格而有所发展的庭园典型。

余荫山房的布局，很明显是受到西洋庭园均齐划一、轴线对称的格局影响。全园由两水庭组成，连以一条小涌，以轴线贯穿东西两庭。东庭为八角形池塘，西庭则为方形池塘，沿水岸为石砌驳岸，其上筑花几。庭园布局以至廊道花几走向，均由两庭池塘的几何图形控制着，构成如此的轴线对称和严谨的几何图形的庭园布局，与中国传统的婉转随意、崇尚自然的庭园格局大异其趣，这可能不是一种巧合，而是受西方园林风格之影响，是有其时代背景的。

广州逢源大街某宅后园"风云际会"石景，其西为石景主峰的回龙石组，上筑一西洋式小阁，与主峰相呼应。小阁简朴明快，融合在石景中构成有机的整体。

清末光绪年间，华人卢廉仲在澳门建筑一座中国风格的"水石园"，其厅堂"春草堂"采用西洋古典柱式，在"中国风"的庭园中，未见其格格难合。又园中有曲桥，其桥栏设计，婉转随意，活泼有动态，明显带有西方新艺术运动或有机建筑的影响。

新风格的探索

上节所列举关于岭南庭园风格中中西文化交流的历史资料，可以说是岭南庭园新风格的孕生期。新中国建立以来，本人在建筑创作中，对岭南建筑与岭南庭园的结合，进行了初步的探索。

1957—1960年，在广州建筑了北园、泮溪、南园三座园林酒家（或如齐康教授所说"酒家园林"），致力于探索现代功能与古典地方风格庭园的结合。将酒家的大小厅堂，体型的变化，风格的华丽或清雅，相对应于岭南庭园中的厅堂楼馆、亭、榭来考虑，而以桥、廊联通其供应与人流的要求。这仅仅是跨出探索的第一步，易于为当时各层次人士所认同。

1963—1973 年，致力于寻求现代建筑与传统岭南庭园建筑的共性，在现代主义的基础上，导入传统岭南庭园建筑的性格特征，如单一的功能、小体量、突出性格的体型，庭院建筑群体变化灵活而有韵律等。在这期间，广州白云山的双溪别墅、山庄旅舍，三元里的矿泉别墅，桂林的伏波楼、南溪公园茶舍等作品中，既保持了古典庭园清新高雅的神韵，又赋予简洁明朗的时代气息。人们到此，曾感觉到似曾相识而无古典庭园消极、遁世的压抑感受。英国本尼斯特·弗莱彻爵士（Sir Banister Fletcher）所著《世界建筑史》曾对广州三元里之矿泉别墅作出评价，认为这是将传统与现代风格糅合的新思路。

1973—1983 年，探索岭南庭园与高层建筑的结合。如白云宾馆的前庭和中庭，飞楼越水，巨榕枕石；白天鹅宾馆的中庭，厅堂均敞向庭园，溪水绕流，悬岩飞瀑，茑萝掩石，疏桐倚楼。这两处大型高层建筑与岭南庭园景观，成为客人和市民休闲的好去处，是广州城市与市民联系，中外朋友交往的理想环境。特别是白天鹅宾馆中庭"故乡水"一景，更能激发归侨热爱祖国的热情。正如曾昭奋教授所指出："这是一种全新的境界。面积空间大，明媚和畅；容纳活动的人多，有新的活动内容，具有很高的民主性。这种情况说明，新的岭南庭园，完全能够适应新的公共建筑和多数人游憩活动的需求。"另外，我愿意摘录陈开庆教授对于"故乡水"所体现的岭南庭园新意境的评述："你看！中庭纳千顷汪洋，气魄何等宏伟，峭壁、飞瀑、山溪、蕨丛，洋溢着一派生机，恰是'岭南山川秀，祖国正风流'的时代写照。寓意神州的金亭，饱含乡情的'故乡水'，令多少'海外思乡客，来此顿忘忧'！这样，一下子就把中国古典园林的意境，升华到一个崭新的高度。"这与仅仅限于思古幽情、避俗遁世的限于个人感受的意境有所区别。

在 2000 年建成的广州博物院中，安排了一个大面积的庭院。观众在博物院各个馆舍内部的厅堂和敞廊上，处处可俯视庭院景色，整个博物院的室内空间与庭院景观浑然一体。庭院被馆舍所包围，呈不规则形。以部分

白云宾馆中庭（叶荣贵作）

馆舍外墙为边界，安排了一个八字形水池。水滨红砂岩廊柱上镶嵌着十二花神雕像，代表一年中的十二番花信，水池中有她们的倒影。这些雕像、倒影和水池一端的风姨（风神）雕像一起，组成了庭院的主景，给人以丰富清新的感受。庭院中心利用原有地形高差，形成一个以假山瀑布为背景的下沉式花园。十二花神主景、下沉式花园和遍布整个庭院的树木花卉，组成了一个百花齐放的庭园，为观众欣赏、品评、休息提供了一个祥和明朗和生机勃勃的庭院空间，体现了岭南庭园在新建筑、新环境中的适应性及其活力。

对中国庭园新风格的探索，国外也不无有志之士。英《建筑设计》（A.D.）杂志1987年1—2期上，有由 C. Jencks 与 M. Keswick 领衔设计的方案，总平面是中国庭园的布局，绕池布设厅、亭单体建筑，并以曲折长廊相连接。廊或临池或跨水，象征中国古代涉洋贸易通道。曲廊对岸为崎岖山径，象征古代通西域丝绸之路。大厅位于池之南岸，命题"中国在西方"，厅前有平台临水。建筑外檐处理，采取唐代建筑与古罗马建筑混合的格调。池北端为重屋，象征唐代西安的大雁塔。入口处附近的塔楼（4层）称"希腊塔"，用了一些希腊式方窗，整个形象却有如东莞可园中之可楼。其他一些小建筑的砖砌挑檐与上述外檐做法相同，但又在若干建筑内部采用一些不同风格的装修，并以埃及、约旦等命名。整个方案的风格是中国古代、东方古代形式的混合。这是当今的洋人从西洋文化角度探讨中国园林新风格的一种尝试。

广州艺术博物院一角（叶荣贵作）

C. Jencks 所作规划设计方案平面图（局部）
引自英国杂志 A.D. 1987, 1—2

结语

最后，我想借彭一刚院士几句话作为本文的结束语："我国传统园林，堪称传统文化的瑰宝，但是到了近代，由于社会政治经济发生了深刻的变化，几乎失去了赖以生存的社会基础"。他又指出，经过多年的实践与探索，已令岭南园林艺术"重新获得了生机"。[9] 过去的工作，增加了我们的信心。我们应该继续探求，使我国传统庭园风格的精华，能跟上时代精神的需要，这是摆在我们面前不可推卸的责任。

1 广州市文化局.广州秦汉考古三大发现[M].广州：广州出版社，1999.

2 清·屈大均（1630—1696）.广东新语（卷十七）[M].北京：中华书局，1985.

3 窦武.中国造园艺术在欧洲的影响[J].北京：清华大学建筑工程系.建筑史论文集（第三辑），1979.

4 包乐史，庄国土.约翰·尼霍夫原著《荷使初访中国记》研究[M].厦门：厦门大学出版社，1989.

注3和注4所引文字，应出于同一原著。据研究者指出，尼霍夫原著在出版时，其内容经别人及出版者做过随意修改，以迎合当时的读者。

5 潘启官，即潘启（1714—1788），时为广州十三行行商之一。

6 伍浩官，即伍秉鉴（1769—1843），乳名阿浩，时为广州十三行行商之一。

7 潘仕诚（1804—1873），官僚兼富商，海山仙馆是清道光十年（1830）以后逐步修建的。

8 潘长耀（？—1823），乾隆五十九年（1794）起在广州经商，为广州十三行行商之一。

9 彭一刚.超越自我思变求新：莫伯治集[M].广州：华南理工大学出版社，1994.

百花齐放的艺术殿堂

——广州艺术博物院笔记

2001年

广州市政府于 1995 年决定兴建广州艺术博物院，参加竞标的单位共提出 7 个规划设计方案，最后以我事务所方案中标实施。2000 年 5 月，博物院建成开放，成为一座以征集收藏、陈列展览、研究出版中国书画艺术作品为重点内容的艺术活动中心。博物院全部馆舍分为 4 个个体，但互相连接，围合成一个高低错落、灵活多向的不规则内院。馆内常设专题陈列馆 16 个，赖少其、关山月、赵少昂、黎雄才、黄新波、廖冰兄、杨之光等艺术家的作品和欧初、赵泰来等收藏家的藏品均设专馆展出，另有临时展厅、讲堂、会员俱乐部、售品部、文物库房等附属设施。

优美前景

经过多次反复研究，博物院最后选址在麓湖公园附近，这里有优美开阔的公园绿地作为前景，交通便利并且接近城市人口密集地带，对博物院本身的形象、品质和日后吸引观众都是很有利的条件。但博物院本身用地仍感狭仄，背面及两侧面原有环境比较杂乱。在按给定用地红线规划、设计并已动工之后，原用地范围边上，规划的城市道路被改为双层高架路并将从博物院上空横过，以至规划、设计都作重大修改。经过各方协商和设计研讨，城市双层高架路被移至博物院外缘擦肩而过，与馆舍窗墙间距约为 1m。趁修改规划设计机会，博物院规模加大，用地也向北扩展，博物院的主立面北移，直接面对麓湖公园——白云山大片绿地青山，使博物院有了一个更为开阔的、充满蓬勃生机的前庭（前景），彻底改变原有用地局促所造成的被动局面。这样的优美前景，在城市博物院建筑中，尚属罕见。

规划设计中利用原有地形高差（最大高差达 11m），在博物院前面作成大面积的斜坡和馆前广场，使博物院的广阔前庭与正前方开阔、深远的绿化环境融为一体。在这大面积的斜坡广场上，安排了多样的绿化、小品或陈设，直接美化城市环境并增加博物院的文化内涵，增强对市民的吸引力。

文化内涵

艺术博物院以其展品、藏品取胜，但建筑本身仍应与历史和当代文化相融洽、相沟通。对此，建筑师有着广阔的用武之地。

馆舍建筑形式既有传统岭南建筑的要素，也注意融入当代建筑样式，整个群体的形式没有定于一尊，没有一条呆滞的中轴线，极有利于建筑形式的多样和丰富变化。博物院的馆舍造型运用了岭南民居中的山墙形式及其变体，体现了明显的地方特色。主馆正门引用广州西关大屋的大门和硬木雕花门扇，十分凝重、华贵。正面以高耸的圆柱形文塔（上面有近似丰字和羊字的图形）配合舒展简朴的柱廊，色彩红白相间，成为博物院的标志和独特建筑形象。

岭南地区的传统文化也以建筑语言和形象在博物院的创作中得到重视和反映。正立面一侧墙面在红砂岩上重现岭南地区新石器时代的巨幅岩画

（原画在珠海高栏岛宝镜湾藏宝洞，画面 5.0m×2.9m）[1]。这是由雕塑艺术家根据原画重新创作的，具有强烈的装饰效果，显示了岭南文化的源远流长。门厅内立柱柱头以新石器时代香港东龙岛岩画上的岛神形象为装饰，同样启示人们对几千年前岭南先民捕鱼文化的理解与回想。门厅正中的大幅屏风采用岭南民间建筑常用的彩色玻璃和荷兰抽象派画家凡·杜斯伯格［Van Doesburg，与蒙德里安（Mondrian）同时］的抽象图案[2]。在展馆内部的观众通道、休息厅、不同馆舍的连接转折处、专题馆的门道和标志以及其他细部装修装饰等，都动用和创作了生动、新颖的建筑语言和片段。它们大大增加了建筑的文化内涵，既有传统风韵，又有时代气息。

历史文化和地方文化的演绎，不仅表现在建筑物上，也表现在内庭的创作中。

百花庭院

重视庭院环境的营造和使用，是中国建筑的优秀传统。处于岭南地区，四季如春，内庭可容纳较多的活动内容，在形式上也可以有更多的尝试与创造。我们以四幢不同形式、高低错落的馆舍围护而成一个不规则形内庭。

各馆舍交接处以不同体型塔楼形成外形、体量的变化和内部空间的过渡，高低错落的外檐和虚实多变的外墙（或玻璃连廊）成为这个不规则内庭的疆界。在馆舍内部的厅堂或敞廊上，处处可俯视内庭，室内空间与庭院景观融为一体。

内庭一侧的 12 根红砂岩石柱上，镶嵌着十二花神雕像，代表一年中十二番风信。水池中有她们的倒影，和水池边上的风姨（风神）雕像，组成了百花庭院的主景。传统的内容，经过雕塑艺术家含蓄细腻的艺术创造，与建筑结构相互呼应、紧密结合，给人以新的感受。内庭中心利用原有地形高差，形成一个下凹的假山瀑布园庭，并由此通向设于地下层的大面积综合展厅。

十二花神主景、下凹的庭园和遍布庭园中的树木花卉，组成了一个百花齐放的庭园。丰富多彩，祥和明朗，观众可在此驻足流连，或与艺术家围坐攀谈。

空间系列

从博物院视野深远的前庭广场到明朗宽敞的门厅，再到花神广场（内庭）、馆舍连廊和风格各异的各个展馆，组成了以开放、自然为主调的一个空间系列。

前庭广场所见，是一个舒展、深远的自然空间。我们希望这个空间能永远保持目前这种状态，不让高架路闯入，也不让新的建筑侵占。

门厅平面呈半圆形，上头是大面积的玻璃采光天棚，宽敞明亮。从这里通向内庭，也可通向设于各层的专题展厅，具有明确的通行、导向功能。艺术家专题展室的面积及空间体量都比较宽松，具体的展出方式及安排由有关艺术家进行设计，有较大的灵活性。

中庭没有预先设定一个固定的平面形式。表面上看，是建筑包围、规定了它，实际上是用它来规定其四周建筑的范围。四周建筑的连廊，建筑连接体间的休息空间，从连廊进入中庭的开口以至展室空间，都与中庭空间相连呼应，组成一个自由的多向度空间系列。跃层式玻璃连廊有利于采光通风，空间效果也好。观众可在连廊的外廊、内廊和没有阻挡的展室内自由通行，空间的通透和连续给人以明朗、舒坦的感受。

建筑物的表面成为空间的边界，可有不同的层面。不论是外墙表面或内墙表面，都是人工的而不是自然的，在艺术创作上可以多种多样。我们的做法是分为几个层面：第一个是红砂岩装修的外墙以及雕像、岩画、柱子等的红色层面，成为博物院的主色调，富丽、坚固，也是地方传统建筑常规的主色调；第二个层面是白色，出现于外墙面、屋檐以至山墙上，完成了高低错落的形体，是一个大面积的基调；第三个层面是室内空间、内墙表面和装修、家具等，形式创新，色彩斑斓，突出艺术作品的时代性和多样性，有更多的自由驰骋和精心创作的余地。它们以不同的形式、尺度、色彩、气氛，融入博物院的整个空间序列中。

绿树青山的前景，百花齐放的庭院与展馆中的艺术品相呼应，相融合，表现了广州艺术博物院建筑不拘一格、活泼舒展的个性和建筑创作中岭南文化、现代主义理念和表现主义手法的兼容与沟通，使之成为一个以人为中心，以艺术为中心的艺术家和普通市民可以共同参与，有着共同语言的新的艺术殿堂。

内庭

内庭一角

走廊

门厅

1 广东省博物馆.珠海考古发现与研究 [M].广州：广东人民出版社，1991.

2 青柳正规，等.世界美术大全集（28 卷）[M].东京：日本小学馆，1996.

广州行商庭园

——18 世纪中期至 19 世纪中期

——2003 年

自清乾隆二十二年（1757）至鸦片战争、五口通商的 85 年期间，广州是全国唯一对外贸易口岸。中外闻名的广州行商，就活跃于这一时期。

早在 18 世纪初期，一陈姓的增城人在广州开了洋行。他主要在澳大利亚、新西兰一带进行贸易活动，发了大财，回到广州向清政府报富，停止做生意。其后代捐了进士。这位进士（记忆其姓名为陈念典）至 20 世纪初期仍居住西关一带，我在广州念初中时（约当 1928 年）曾访问这位进士老人。

陈家花园和潘家花园

福建泉州龙溪人潘启（1714—1788）来广州之初任陈姓洋行司事，陈姓洋行停业后，即自行开设同文行，成为十三行首届行商首领。同文行故址在今广州十三行路与文化公园之间的同文路。其开张时间约在乾隆九年（1744）至十八年（1753）。在乾隆二十二年（1757）以后，广州成为海路唯一的中西贸易口岸，潘启在中西贸易中长时间居于首要地位。

潘启在与外商贸易中，有大量的资金往来。乾隆三十七年（1772），潘启为支付几个伦敦商人一笔巨款，要公司将是年生丝合约的货款用伦敦汇票支付，此次交易，是比较露面的交易。在这期间，清政府只知鸦片专利，对一般商人的经营款项还未加管制，潘启趁此空隙，将其国内大笔货款汇去伦敦。此事仅做过一次，而且甚为秘密，除去其合法继承人潘有度外，另无人知晓。潘启于乾隆五十二年（1787）十二月去世，归葬福建原籍。

潘启在经营同文行期间，适逢十三行独口通商之鼎盛期。他在这些年代大有收获，于1776年在广州河南乌龙岗下，当时的运粮河之西置余地一段，界至海边（即珠江边），背山面水，建祠开基，书匾额曰"能敬堂"，并于河上建漱珠桥、环珠桥、跃龙桥，此地定名为龙溪乡。

运河及两岸风光 [水彩画，Auguste Borget（法），1838 年]

运河及两岸风光（T. Allom 作，版画制作 J. B. Allen）

从今天的城市地图看，潘家定居龙溪乡的范围为珠江以南、运河以西的一个南北长约600m、东西宽300m的狭长地带，占地约20hm^2。潘启及其后代在此经营建筑群落及花园，当在1776年以后陆续完成。约在雍乾年间，按清政府的命令，外商们在每月初八、十八、廿八日，被准许到河南海幢寺和附近的陈家（疑即本文开头所说的增城陈氏）花园中去游览休息，陈家花园遗址在嘉道年代还可寻访。有谢兰生《过溪峡游陈氏废园》诗为证："高高下下见亭台，尺寸都从手剪裁。一斧削山成峭壁，万人穿水得浮杯。风花匝地行云黯，野雀巢松暮雨哀。闻道废兴频易主，也曾流涕孟尝来。"

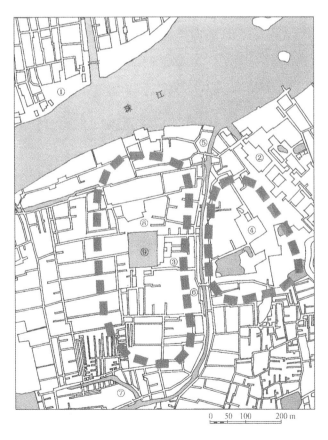

1908年广州河南地图，运河从珠江南岸向南流。运河以西原为潘家花园，以东原为伍家花园，图中虚线示两家花园大致范围。运河后被填平，现为步行街，下设暗管
①十三行地区 ②海幢寺 ③潘家祠堂 ④伍家祠堂 ⑤漱珠桥 ⑥环珠桥 ⑦跃龙桥 ⑧潘家花园之南墅地段 ⑨潘家花园之方塘，后被填平

运河上的漱珠桥（建于乾隆三十五年，即 1770）W. G. Tilesius Von Tilenan 原作，此为根据原作所作版画，1813 年在俄国圣彼得堡发表，引自 *Fan Kwae Pietures*

潘家花园之六松亭（版画，作者佚名）

　　潘家花园的大规模兴建，当在潘启之子有度（1755—1820）继承掌管同文洋行之后。因潘启的大部分商业资金已成功套汇去伦敦，由伦敦几个合作商人在伦敦运用，其存在本国的部分资金是留供继承人潘有度按潘启的原定计划进行活动，可以安心守势（潘有度曾经一度退出行商，后在1815 年被迫恢复行商，同文行更名为同孚行），另外也可以腾出手来经营其花园建设。潘有度在河南潘园内有园曰"南墅"。根据资料的介绍，南墅本身方塘数亩，一桥跨之，水松数十株，有两松交干而生，因名其堂曰"义松堂"，所居曰"漱石山房"，旁有小室曰"芥舟"。

潘家花园之晚翠亭
（水粉画，传为关联昌作，引自《晚清中国外销画》）

潘启次子潘有为（1744—1821），乾隆三十七年进士，官内阁中书舍人，久居京华以校《四库全书》，例可议叙而未果。退归广州后，在潘园范围内居近万松山麓，相传为东汉议郎杨孚故宅，故颜其斋曰"南雪巢"，又曰"橘绿橙黄山馆"，门外坡塘数顷，遍种藕花，风景清美。其住处有"六松园""晚翠亭"等小庭园，均为潘有为于乾隆年间所建。

"六松亭"与"晚翠亭"两座小庭园的资料，虽然手头还没有统合一道的资料来历，但两个小庭园图像的画法、风格和图像的结构，颇为接近，从以下几点不难看出两个小庭园同属一个庭园结构整体。

①两个小庭园都是以"亭"为主题，两"亭"都是悬山结构，样式类同。

②附属建筑群体都是硬山，样式也很类同。

③绕水池筑花基，花基上置类似的盆栽。

④沿花基外平地布置一带草坪。

⑤草坪外苑道为小卵石铺砌，其构图为一个接着一个圆形。两个庭院都是采用同样苑道的构图。

⑥主要园景均布置、融合于方角形水池与庭园建筑群落的范围之中，是同样的手法与气氛。

以上六点，从庭园布局、建筑群体组合、建筑的风格和图像、园景的设置、苑道小卵石的铺砌构图，均足以说明两个院落是同一手笔，同在一个庭园的组合中。

潘有度四子潘正炜（1791—1850）继续扩建潘家花园，主要新建"听帆楼"及其附近园景，其地在潘家祠堂迤南。潘正炜女婿陈春荣有记："听帆楼，在河南秋江池馆上，楼下藕塘花架，月榭风廊，曲折重叠，迷目楼上，俯鹅潭，往来帆影，近移树梢。"从已见到的绘画看，听帆楼两层（与当地老人回忆听帆楼为两层建筑的说法相符），置于水滨，并有桥梁相联系。笔者20世纪50年代踏访河南时，仍得见遗留下来的"听帆楼"匾。

秋江池馆听驭楼（水粉画，作者佚名，引自《晚清中国外销画》）

　　当时广州几处行商庭园中，目前尚有些许遗迹可寻的，唯有潘家花园。在今河南南华西街以南、龙溪首约以西，还居住着潘家后裔。古老建筑的高敞局部，庭院的一角以及石柱、门窗装饰等，仍为当年旧物。在 1908 年广州地图上所见的方塘，面积约 $0.67hm^2$，是潘园中原有水面的一部分，后被填平，现为栖栅南街小学所在。潘启七世孙潘祖尧先生，系全国政协委员，著名建筑师，曾任香港建筑师学会会长，数年前，曾以潘氏族谱《河阳世系》及所绘潘家祖屋平面图为赠。

同福西路北侧潘家祠道所见潘能敬堂词道界碑

潘家旧宅，从天井看二楼一角

潘长耀花园

　　潘启在世时，有一位同乡侄辈潘长耀，与潘有度同辈，在18世纪末，也在广州从事对外贸易，并于1796年取得洋行执照，开设丽泉洋行。丽泉行开业于嘉庆元年（1796），随着潘长耀于道光三年（1823）去世，丽泉行随即于翌年破产倒闭，由清政府拍卖其遗产。丽泉行存在时间只有28年。

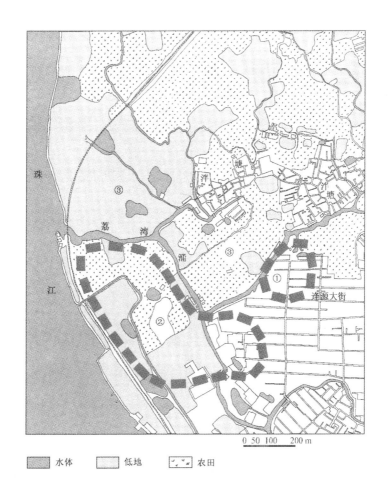

1908年广州西关和荔湾涌一带地图
①潘长耀花园大致范围　②海山仙馆大致范围　③今日之荔湾湖

潘长耀于19世纪初期极短时间内，在西关地区营造了自家的庭园，园址大抵在今龙津西路以西、逢源大街以北一带，紧靠原有的荔湾涌，占地在1hm²上下。当年，外国人称之为"宫廷式的住宅和花园"。从所引两幅绘画中，可见庭园的部分风貌，整个庭园范围由较高的围墙围护。庭园本身范围内，再划分为若干部分，以较矮的围墙或镂空花墙分隔开，围墙或花墙之内是庭院，之外是较为开放的水庭和园景。水面上有景石、珍禽，有雕饰的游艇。花园中有假山。临水的凉亭，塑荷叶为盖，甚为罕见。在整个庭园建筑中，两层楼房占有较大比例，楼上有敞厅、游廊或露台，往来相通，建筑装修雅致精美。

潘长耀逝世后一年左右，丽泉行倒闭，其遗产被清政府拍卖，为伍秉鉴的大儿子伍元芝投得。

潘长耀花园
（T. Allom作，版画制作：
S. Bradshaw，参见
《广东十三行考》）

潘长耀花园
（T. Allom作，版画制作：
C. T. Dixon，参见
《广东十三行考》）

伍家花园

伍国莹（1731—1800）自闽入粤，约在1790年任同文行司事，不久即辞职，创立怡和行，但实际操作者为其子伍秉鉴（1769—1843）及其孙（秉鉴三子）伍崇曜（1819—1863）。嘉庆十二年（1807），怡和行跃居广州行商第二位（仅次于潘氏之同文行），嘉庆十八年（1813）成了行商之首。伍崇曜逝世之后，其商务活动随着十三行制度的取消而逐渐收缩。

伍家之定居广州河南始于嘉庆八年（1803），道光十五年（1835）建伍氏宗祠（以溪峡为祠道名）崇本堂之后，继续扩建花园"万松园"。祠及花园旧址在海幢寺以西，运河以东，占地约百亩。《广州城坊志》卷六记嘉道间事："万松园在河南，南海伍氏别墅，收藏法书名画甚富。嘉道间，……辈时相过从，园额为谢兰生书。"[1]

从当年外销画家所绘图画中，可见伍家花园的部分风貌。其中两幅反映花园之水面，虽不辽阔，但水道深远，景观丰盈，平台、凉亭、廊桥、榕树、芭蕉、盆花，具岭南特色。

伍家花园
（水粉画，传为关联昌作，19世纪中叶，引自《珠江十九世纪风貌》）

伍家花园（水粉画，关
联昌作，约 1855 年，
引自 *The Decorative Arts
of the China Trade*）

伍家花园之流杯亭（油
画，中国画家作，佚名）

伍家花园（摄影者及年
代不详）

海山仙馆

潘仕诚（1804—1873或稍后）不是行商，他的父亲潘正威是潘有度的族亲，约于乾隆末年至嘉庆初年来粤，因未获行商执照，而经常借用潘长耀的行商执照作掩护，进行贸易活动，也发了财。潘仕诚于道光十二年（1832）获选副榜贡生，因在京捐巨款赈灾，被赐举人，又报捐了郎中，在刑部供职。潘仕诚连续捐款，都是在他30岁左右的时候，他还未有那么大的经济实力，很有可能是动用他父亲的财富。

广州城西荔枝湾，系南汉昌华苑故地。道光四年（1824）南海人邱熙在此建成"唐荔园"。道光十年以后，唐荔园被潘仕诚购入。潘仕诚辞官之后，倾全力经营海山仙馆（原唐荔园成为海山仙馆的一部分），并在此进行一系列文化活动，所集法帖刻石等有一部分保留至今。潘仕诚逝世之后，园产被官府籍没，因范围大，只能分割拍卖。作为一座大型园林，海山仙馆只存在40余年。其遗址在今荔湾公园西南部至珠江东岸一带，占地范围达约40hm^2。

海珊山馆图（作者不详），潘仕诚于道光二十七年（1847）曾撰文称家藏尺牍度于"海珊山馆"，此图园景或为海山仙馆之一部

广州行商庭园概况

	陈家花园	潘家花园	潘长耀花园	伍家花园	海山仙馆
花园主人	陈某	潘启（1714—1788） 潘有为（1744—1821） 潘有度（1755—1820） 潘正炜（1791—1850）	潘长耀 （？—1823）	伍国莹 （1731—1800） 伍秉鉴 （1769—1843） 伍崇曜 （1819—1863）	潘仕诚 （1804—1873）
花园所在地	河南	河南	西关	河南	荔湾
主人经营 行商时间		1744—1753 年间，同文行开张，1815 年以后改名同孚行。至潘正炜已非全力经营	1796 年丽泉行开张，1824 年倒闭	1783 年怡和行开张，1863 年伍崇曜逝世之后逐渐收缩	
花园建设 年代	在潘家花园之前	1776 年建潘家祠，庭园建设在此之后历数十年	19 世纪初期。1824 年易主伍元芝之后有所扩建	1835 年建伍家祠，之前（1803）已购地、定居于此，之后扩建花园	1830 年以后，潘仕诚购得原唐荔园加以扩建，在他逝世之后被籍没分割拍卖
1908 年广州 城市地图上 标示情况	海幢寺以南有陈家厅直街，是否与陈家花园有关	标出漱珠桥、环珠桥及栖栅地名，遗存建筑未具体标示。庭园遗迹仅标示一口方塘	无	标出伍氏宗祠	无（地图上标出若干"花园"或与原海山仙馆有关）
遗存建筑	无	若干破旧建筑	无	无	无
遗址现状 提示	海幢寺以南有陈家直街（原陈家厅直街）	今南华西路、同福西路以西一带。遗址范围约 20 hm²	今龙津西路、逢源大街一带，小画舫斋及两处假山遗存，或与之有关。遗址范围约 1 hm²	今南华中路、同福中路一带。遗址范围 6 ~ 7 hm²	今荔湾湖以南。遗址范围达 40 hm²

潘仕诚的孙辈潘某在20世纪30年代与笔者相识，当时他是一位工程师。

《广州城坊志》卷五记海山仙馆："宏规巨构，独擅台榭水石之胜者，咸推潘氏园。园有一山，冈坡峻坦，松桧荟蔚，石径一道，可以拾级而登。闻此山本一高阜耳，当创建斯园时，相度地势，担土取石，壅而崇之，朝烟暮雨之余，俨然苍岩翠岫矣。有一大池，广约百亩许，其水直通珠江，隆冬不涸，微波渺弥，足以泛舟。面池一堂，极宽敞，左右廊庑回缭，栏楯周匝，雕镂藻饰，无不工致。距堂数武，一台峙立水中，为管弦歌舞之处，每于台中作乐，则音出水面，清响可听。由堂而西，接以小桥，为凉榭。轩窗四开，一望碧空，渺茫无际。……东有白塔，高五级，悉用白石堆砌而成。西北一带，高楼层阁，曲房密室复有十余处，亦皆花承树荫，高卑合宜。……然潘园之胜，为有真山真水，不徒以有楼阁华整、花木繁缛称也。"（俞洵庆《荷廊笔记》）

清道光二十八年（1848）夏銮《海山仙馆图》，该图并附有主人及诗友的题记及诗作，可能较真实地展现了海山仙馆的主要风貌。

本文涉及的五家花园，有三家属于当年广州行商，可称之为行商庭园。行商庭园的出现，是岭南庭园发展史的一个重要组成部分。本文作为一篇"初稿"，介绍了一些资料。有关的历史考证和现场踏勘，尚有待进一步充实、开展。

---

1 黄佛颐. 广州城坊志（1948年初版）[M]. 广州：广东人民出版社，1994.

出版说明

本书是中国工程院首批资深院士莫伯治先生的经典著作，经莫京先生全权代表授权整理而成。为了尊重作者的写作习惯和遣词风格，本书的语言文字、标点等尽量保留了原稿形式，有些地名还是用的原名称，这样会与现代汉语的规范化处理和行政区划有些不同之处，提请读者注意。

书稿在整理过程中，得到了社会各界人士的大力支持，他们给予了很多中肯的意见，在此致以诚挚的谢意！由于书中收编的图纸来源众多，我们已在书中做了详细标注，对于未能标注的，请您及时与我们取得联系，我们将提供样书，并在此致以衷心感谢！

编者

2025 年 1 月